配电网实用技术丛书

变电站一次设备运行与维护

陕西省地方电力（集团）有限公司培训中心　编
中国能源研究会城乡电力（农电）发展中心　审

中国电力出版社
CHINA ELECTRIC POWER PRESS

内 容 提 要

为加快高素质技能人才队伍培养，提升配电网技术人员职业技能水平，陕西省地方电力（集团）有限公司（简称集团公司）按照四支人才队伍建设总体思路，由陕西省地方电力（集团）有限公司培训中心组织集团公司系统的管理、技术、技能和培训教学等方面的专家，立足地电实际，面向未来发展，策划编写了《配电网实用技术丛书》。丛书包含配电、变电、自动化、试验等分册，每本书涵盖了单一职业种类的基础知识、专业知识和专业技能。

本书为《配电网实用技术丛书 变电站一次设备运行与维护》分册，全书共分十六章，分别是油浸式变压器（电抗器）运行与维护、断路器运行与维护、组合电器运行与维护、隔离开关运行与维护、开关柜运行与维护、电流互感器运行与维护、电压互感器运行与维护、避雷器运行与维护、电力电缆运行与维护、并联电容器运行与维护、母线及绝缘子运行与维护、高压熔断器运行与维护、接地装置运行与维护、防误闭锁装置运行与维护、站用交流电源系统运行与维护、辅助设施运行与维护，另外还有标准化作业指导作为附录。

本书适用于供电企业有关专业技术人员、生产一线配网作业人员自学阅读，也可作为电力企业配网岗位技能培训和电力职业院校教学参考之用。

图书在版编目（CIP）数据

变电站一次设备运行与维护/陕西省地方电力（集团）有限公司培训中心编. —北京：中国电力出版社，2020.7（2023.3重印）

（配电网实用技术丛书）

ISBN 978-7-5198-3209-4

Ⅰ.①变… Ⅱ.①陕… Ⅲ.①变电所–电力系统运行–维护 Ⅳ.①TM63

中国版本图书馆 CIP 数据核字（2020）第 041395 号

出版发行：中国电力出版社
地　　址：北京市东城区北京站西街 19 号（邮政编码 100005）
网　　址：http://www.cepp.sgcc.com.cn
责任编辑：赵　杨（010-63412287）
责任校对：黄　蓓　王海南
装帧设计：王红柳
责任印制：石　雷

印　　刷：固安县铭成印刷有限公司
版　　次：2020 年 7 月第一版
印　　次：2023 年 3 月北京第三次印刷
开　　本：787 毫米×1092 毫米　16 开本
印　　张：11.25
字　　数：261 千字
印　　数：3201—3701 册
定　　价：50.00 元

《变电站一次设备运行与维护》编写组

主　　编　黄　博

副 主 编　李　敏

参编人员　李　军　段科峰　尚占刚　董　帆　苏参军

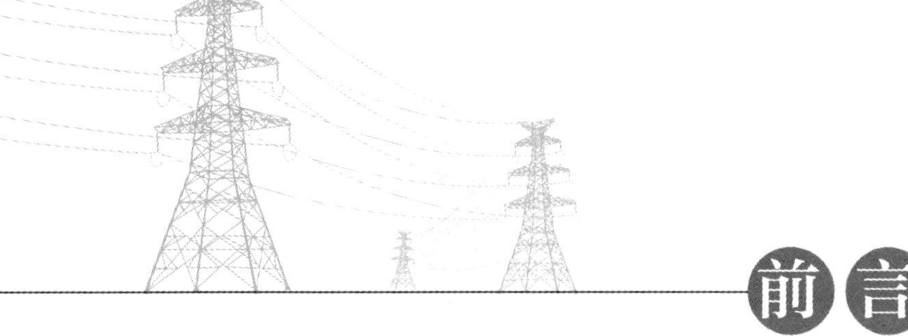

前言

党的十九大报告提出，建设知识型、技能型、创新型劳动者大军，弘扬劳模精神和工匠精神，营造劳动光荣的社会风尚和精益求精的敬业风气。为加快高素质技能人才队伍培养，提升配电网技术人员职业技能水平，陕西省地方电力（集团）有限公司（简称集团公司）按照四支人才队伍建设总体思路，由陕西省地方电力（集团）有限公司培训中心组织集团公司系统的管理、技术、技能和培训教学等方面的专家，立足地电实际，面向未来发展，策划编写了《配电网实用技术丛书》。丛书遵循简单易学、够用实用的原则，依据规程规范和标准，突出岗位能力要求，贴近工作现场，体现专业理论知识与实际操作内容相结合的职业培训特色，以期建立系统的技能人才岗位学习和培训资料，为电力企业员工培训提供参考。

《配电网实用技术丛书》包含配电、变电、自动化、试验等分册，每本书涵盖了单一职业种类的基础知识、专业知识和专业技能。本书为《变电站一次设备运行与维护》分册。

随着变电站智能化水平的不断提高，电网运行方式和变电运维管理模式发生了根本性转变，对变电运维人员和相关人员的专业技能提出了新的、更高的要求。

本书依据国家、行业有关标准、规程、制度，结合地方电力企业发展现状编写，采用模块化结构，包含变电站运维基础知识、一次设备运维管理与事故处理等模块。每个模块包含运行规定、巡视要求、维护操作要点、典型故障与异常处理等知识点，力求内容实用、重点突出，符合现场需求，总体上满足运维业务开展的培训需求。

本书共分十六章，其中第一章及附录（标准化作业指导）由李敏编写，第二～四章由尚占刚编写，第五～七章由段科峰编写，第八～十章由李军编写，第十一～十三章由董帆编写，第十四～十六章由苏参军编写。

本书在编写过程中，得到了陕西省地方电力（集团）有限公司及所属各分公司的大力支持，中国能源研究会城乡电力（农电）发展中心及全国地方电力企业联席会议各兄弟单位对本书的编写提出了许多宝贵的意见和建议，在此一并表示衷心感谢！

本书适用于供电企业有关专业技术人员、生产一线配网作业人员自学阅读，也可作为电力企业配网岗位技能培训和电力职业院校教学参考之用。

由于编者水平有限，编写时间仓促，书中疏漏和不足之处在所难免，敬请专家和读者朋友批评指正。

编　者

2020 年 3 月

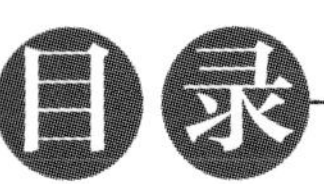

目录

目录

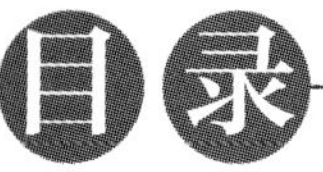

第一章

油浸式变压器（电抗器）运行与维护

模块一　油浸式变压器（电抗器）运行规定

为规范变压器（电抗器）的运行管理，使其达到制度化、规范化，保证设备安全、可靠和经济运行，依据国家、行业有关标准、规程、制度，结合地方电力企业发展现状制定。

一、一般规定

（1）变压器（电抗器）本体。

1）变压器不宜超过铭牌规定的额定电流运行。

2）送电前必须试验合格，各项检查项目合格，各项指标满足要求，保护按整定配置要求投入，并经验收合格，方可投入运行。

（2）过负荷规定。

1）变压器的过负荷倍数和持续时间要视变压器热特性参数、绝缘状况、冷却装置能力等因素来确定。

2）环境温度或负荷异常升高时，必须缩短巡视周期，发现异常及时上报。

（3）中性点接地方式规定。变压器高压侧与系统断开时，由中压侧向低压侧（或者相反方向）送电，变压器高压侧的中性点应保持可靠接地。

（4）绝缘油规定。

1）严禁不同种类或不同用途的油混合使用。

2）绝缘油介质损耗因数超标的应进行滤油或换油处理。

（5）测温装置。

1）现场温度计指示的温度、控制室温度显示装置、监控系统的温度三者基本保持一致，误差一般不超过±5℃。

2）变压器必须定期检查、记录变压器油温及曾经到过的最高温度值。

（6）气体继电器。

1）当气体继电器内有气体聚集时，应取气体进行试验。

2）气体继电器应进行动作准确度校验。

（7）压力释放阀。

1）运行中的压力释放阀动作后，应将释放阀的机械、电气信号手动复位。

2）定期检查释放阀微动开关的电气性能是否良好，连接是否可靠，避免误发信。

（8）有载分接开关。

1）滤油装置。

a）工作方式主要有联动、定时、手动滤油三种。正常运行时一般采用联动滤油方式；动作次数较少或不动作的有载分接开关，可设置为定时滤油方式；手动方式一般在调试时使用。

b）当发现滤油装置有渗漏油、声音异常、电源异常、发报警信号等情况时，应及时向上级主管部门汇报和处理。

2）有载分接开关操作。

a）有载调压开关禁止调压操作的情况：真空型有载开关轻瓦斯保护动作发信时；有载开关油箱内绝缘油劣化不符合标准；有载开关储油柜的油位异常；变压器过负荷运行时，不宜进行调压操作，特别当过负荷 1.2 倍时，禁止调压操作。

b）分接变换操作必须在一个分接变换完成后方可进行第二次分接变换。

c）两台有载调压变压器并联运行时，允许在 85%变压器额定负荷电流及以下的情况下进行分接变换操作，不得在单台变压器上连续进行两个分接变换操作，必须在一台变压器的分接变换完成后再进行另一台变压器的分接变换操作。

（9）储油柜。

1）按厂家提供的油位和温度曲线调整储油柜油位，不宜过高或过低。

2）运行中应加强储油柜油位的监视，特别是温度或负荷异常变化时。

（10）吸湿器。运行中应检查吸湿器呼吸畅通，吸湿器硅胶潮解变色部分不应超过总量的 2/3。

（11）保护装置运行规定。

1）变压器在正常运行时，本体及有载调压开关重瓦斯保护应投跳闸。

2）变压器在运行中滤油、补油、更换潜油泵、更换吸湿器的吸湿剂时，应将其重瓦斯改投信号，此时其他保护装置仍应接跳闸。

3）变压器本体应设置油面过高和过低信号，有载调压开关宜设置油面过高和过低信号。

4）当油位计的油面异常升高或呼吸系统有异常现象，需要打开放气或者放油阀门时，应先将重瓦斯改投信号。

5）变压器应投信号的保护装置：本体轻瓦斯、真空型有载调压开关轻瓦斯（油中熄弧型有载调压开关不宜投入轻瓦斯）、突变压力继电器、压力释放阀、油流继电器（流量指示器）、顶层油面温度计。

（12）冷却装置运行规定。

1）强油循环风冷变压器在运行中，当冷却系统发生故障切除全部冷却器时，变压器在额定负载下允许运行时间不小于 20min。当油面温度尚未达到 75℃时，允许上升到 75℃，但冷却器全停的最长运行时间不得超过 1h。对于同时具有多种冷却方式（如 ONAN、ONAF 或 OFAF）的变压器，应按制造厂规定执行。冷却装置部分故障时，变压器的允许负载和运行时间应参考制造厂规定。

2）自然风冷变压器风扇停止工作时，允许的负载和运行时间，应按制造厂的规定。油浸风冷变压器当冷却系统部分故障停风扇后，顶层油温不超过 65℃时，允许带额定负

载运行。

3）有人值班变电站，强油循环风冷变压器的冷却装置全停，宜投信号；无人值班变电站，条件具备时宜投跳闸。

4）冷却器应采取各自独立的双电源供电，并能自动切换。当工作电源故障时，自动投入备用电源，并发出音响灯光信号。

5）冷却装置能按照变压器上层油温值或运行电流自动投切；工作或辅助冷却器故障退出后，应自动投入备用冷却器。

（13）油色谱在线监测装置。

1）变压器安装的在线监测装置应保持良好运行状态，定期检查装置电源、加热、驱潮、排风等装置。

2）应定期对在线监测装置进行巡视、维护，并应注意变压器油温、负荷等的变化。

二、运行温度要求

除了变压器制造厂家另有规定，油浸式变压器顶层油温一般不应超过其在额定电压下的一般限值，如表 1－1 所示。当冷却介质温度较低时，顶层油温也相应降低。

表 1－1　　油浸式变压器顶层油温在额定电压下的一般限值　　（℃）

冷却方式	冷却介质最高温度	最顶层油温	不宜经常超过温度	告警温度设定
自然循环自冷	40	95	85	85
强迫油循环风冷	40	85	80	80
强迫油循环水冷	30	70	—	—

三、负载状态的分类及运行规定

（1）变压器存在较为严重的缺陷（例如冷却系统不正常、严重漏油、有局部过热现象、油中溶解气体分析结果异常等）或者绝缘有弱点时，不宜超额定电流运行。

（2）正常周期性负载。在周期性负载中，对环境温度较高或者超过额定电流运行的时间段，可以通过其他环境温度较低或者低于额定电流的时间段予以补偿。

正常周期性负载状态下变压器的负载电流、温度最大限值及过负荷最长时间如表 1－2 所示。

（3）长期急救周期性负载。变压器长时间在环境温度较高，或者超过额定电流条件下运行。这种运行方式将不同程度缩短变压器的寿命，应尽量减少这种运行方式出现的机会；必须采用时，应尽量缩短超过额定电流运行时间，降低超过额定电流的倍数，投入备用冷却器。

长期急救周期性负载状态下变压器负载电流、温度最大限值及过负荷最长时间如表 1－2 所示。

在长期急救周期性负载运行期间，应有负载电流记录，并计算该运行期间的平均相对老化率。

（4）短期急救负载。变压器短时间大幅度超过额定电流条件下运行。这种负载可能导致绕组热点温度达到危险的程度，使绝缘强度暂时下降，应投入全部冷却器，并尽量压缩负载，减少时间。

短期急救负载状态下变压器负载电流、温度最大限值及过负荷最长时间如表 1－2 所示。

在短期急救负载运行期间，应有详细的负载电流记录，并计算该运行期间的相对老化率。

表 1－2　　变压器负载电流、温度最大限值及过负荷最长时间

负载类型		中型电力变压器	大型电力变压器	过负荷最长时间（h）
正常周期性负载	电流（标幺值）	1.5	1.3	2
	顶层油温（℃）	105	105	
长期急救周期性负载	电流（标幺值）	1.5	1.3	1
	顶层油温（℃）	115	115	
短期急救负载	电流（标幺值）	1.8	1.5	0.5
	顶层油温（℃）	115	115	

注　中型电力变压器：三相最大额定容量不超过 100MVA，单相最大额定容量不超过 33.3MVA 的电力变压器；
大型电力变压器：三相最大额定容量 100MVA 及以上，单相最大额定容量在 33.3MVA 及以上的电力变压器

四、运行电压要求

（1）变压器的运行电压不应高于该运行分接电压的 105%，并且不得超过系统最高运行电压。

（2）对于特殊的使用情况（例如变压器的有功功率可以在任何方向流通），允许在不超过 110%的额定电压下运行。

五、并列运行的基本条件

（1）联结组别相同。

（2）电压比相同，差值不得超过±0.5%。

（3）阻抗电压值偏差小于 10%。

1）电压比不等或者阻抗电压不等的变压器，任何一台变压器除满足 GB/T 1094.7《电力变压器　第 7 部分：油浸式电力变压器负载导则》和制造厂规定外，其每台变压器并列运行绕组的环流应满足制造厂的要求。

2）阻抗电压不同的变压器，可以适当提高短路阻抗百分比较高的变压器的二次电压，使并列运行变压器的容量均能充分利用。

六、紧急申请停运规定

运行中发现变压器有下列情况之一，应立即汇报调控人员申请将变压器停运：

（1）变压器声响明显增大，内部有爆裂声。

（2）严重漏油或者喷油，油面下降到低于油位计的指示限度。

（3）套管有严重的破损和放电现象。

（4）变压器冒烟着火。

（5）变压器在正常负载和冷却条件下，顶层油温异常并不断上升，必要时应申请将变压器停运。

（6）变压器轻瓦斯保护动作，信号频繁发出且间隔时间缩短，需要停运进行检测试验。

（7）变压器引出线的接头过热，远红外测温显示温度达到严重发热程度，属于紧急缺陷的需要停运处理。

（8）当变压器附近的设备着火、爆炸或发生其他情况，对变压器构成严重威胁时，值班人员应立即将变压器停运。

（9）当发生危及变压器安全的故障，而变压器的有关保护装置拒动时，值班人员应立即将变压器停运。

模块二　油浸式变压器（电抗器）巡视

安装在发电厂和变电站内的变压器，以及无人值班变电站内有远方监测装置的变压器，应经常监视仪表的指示，及时掌握变压器运行情况。监视仪表的抄表次数由现场规程规定。当变压器超过额定电流运行时，应做好记录。

无人值班变电站的变压器应在每次定期检查时记录其电压、电流和顶层油温，以及曾达到的最高顶层油温等。对配电变压器应在最大负载期间测量三相电流，并设法保持基本平衡。测量周期由现场规程规定。

（1）例行巡视。

1）本体及套管。

a）运行监控信号、灯光指示、运行数据等均应正常。

b）各部位无渗油、漏油。重点检查变压器的油泵、压力释放阀、套管接线柱、各阀门、隔膜式储油柜等部位。

c）套管油位正常，套管外部无破损裂纹、无严重油污、无放电痕迹及其他异常现象，套管末屏接地良好。

d）变压器的油温和温度计应正常，储油柜的油位应与温度相对应。

e）变压器声响均匀、正常。

f）引线接头、电缆应无发热迹象。

g）外壳及箱沿应无异常发热。

h）35kV及以下接头及引线包封良好。

2）分接开关。

a）分接挡位指示与监控系统一致。

b）机构箱电源指示正常，密封良好，加热、驱潮等装置运行正常。

c）有载分接开关的在线滤油装置工作位置及电源指示应正常。

d）在线滤油装置无渗漏油。

e）有载分接开关的分接位置及电源指示应正常。

3）冷却系统。

a）各冷却器（散热器）的风扇、油泵、水泵运转正常，油流继电器工作正常。

b）冷却系统及连接管道无渗漏油，特别注意冷却器潜油泵负压区出现渗漏油。

4）非电量保护装置。

a）温度计外观完好、指示正常，同一变压器两侧温度计指示应相近。

b）压力释放阀、安全气道及防爆膜应完好无损，压力释放阀的指示杆未突出，无喷油痕迹。

c）气体继电器内应无气体。

5）储油柜。

a）本体及有载开关储油柜的油位应与制造厂提供的油温、油位曲线相对应。

b）本体及有载开关吸湿器呼吸正常，外观完好，吸附剂符合要求，油封油位正常。

6）其他。

a）各控制箱和二次端子箱、机构箱应关严，无受潮，温控装置工作正常。

b）变压器室通风设备应完好，温度正常。门窗、照明完好，房屋无漏水。

c）电缆穿管端部封堵严密。

d）各种标志应齐全明显。

e）各类指示、灯光、信号应正常。

7）现场规程中根据变压器的结构特点补充检查的其他项目。

（2）全面巡视。全面巡视在例行巡视的基础上增加以下项目：

a）消防设施应齐全完好。

b）储油池和排油设施应保持良好状态。

c）接地网及引线应完好，按照周期测量铁心和夹件的接地电流。

d）冷却系统切换试验各信号正确。

e）在线监测装置应保持良好状态。

f）设备缺陷有无发展。

g）各种保护装置应齐全、良好。

h）有载调压装置的动作情况应正常。

i）各种标志应齐全明显。

（3）熄灯巡视。

a）引线、接头、套管末屏无放电、发红迹象。

b）套管无闪络、放电。

（4）特殊巡视。

1）新投入或者经过大修的变压器巡视。

a）声音应正常，如果发现响声特大，不均匀或者有放电声，应认为内部有故障。

b）油位变化应正常，应随温度的增加合理上升，如果发现假油面应及时查明原因。

c）每一组冷却器温度应无差异。

d）油温变化应正常，变压器（电抗器）带负载后，油温应缓慢上升，上升幅度合理。

e）应对新投运变压器进行红外测温。

2）异常天气时的巡视。

a）气温骤变时，检查储油柜油位和瓷套管油位是否有明显变化，各侧连接引线是否受力，是否存在断股或者接头部位、部件发热现象。各密封部位、部件是否有渗漏油现象。

b）雷雨、冰雹天气过后，检查导引线摆动幅度及有无断股迹象，设备上有无飘落积存杂物，瓷套管有无放电痕迹及破裂现象。

c）浓雾、毛毛雨天气时，瓷套管有无沿表面闪络和放电，各接头部位、部件在小雨中不应有水蒸气上升或立即融化现象，否则表示该接头运行温度比较高，应用红外线测温仪进一步检查其实际情况。

d）下雪天气时，应根据接头部位积雪融化迹象检查接头是否发热。检查导引线积雪累积厚度情况，为了防止套管因积雪过多受力引发套管破裂和渗漏油等，应及时清除导引线上的积雪和形成的冰柱。

e）高温天气时，应特别检查油温、油位、油色和冷却器运行是否正常。必要时，可以启动备用冷却器。

f）雷雨天气（检查应在雷雨过后）有无放电闪络现象，避雷器放电记录仪动作情况；大雾天气检查套管有无放电打火现象，重点监视污秽瓷质部分。

3）过载时的巡视。

a）变压器的负荷超过允许的正常负荷时，值班人员应及时汇报调度。

b）变压器过负荷运行时，应检查并记录负荷电流，检查油温和油位的变化，检查变压器声音是否正常、接头是否发热、冷却装置投入量是否足够、运行是否正常、防爆膜、压力释放器是否动作过。检查变压器声音是否正常，接头是否发热，冷却装置投入数量是否足够。

c）当有载调压变压器过载 1.2 倍运行时，禁止分接开关变换操作并闭锁。

4）故障跳闸后的巡视。

a）检查现场一次设备（特别是保护范围内设备）有无着火、爆炸、喷油、放电痕迹、导线断线、短路、小动物爬入等情况。

b）检查保护及自动装置（包括气体继电器和压力释放阀）的动作情况。

c）检查各侧断路器运行状态（位置、压力、油位）。

d）察看其他运行变压器及各线路的负荷情况。

模块三　油浸式变压器（电抗器）操作

一、新安装、大修后的变压器操作要求

新安装、大修后的变压器投入运行前，应在额定电压下做空载全电压冲击合闸试验。加压前应将变压器全部保护投入。新变压器冲击五次，大修后的变压器冲击三次。第一次送电

后运行时间 10min，停电 10min 后再继续第二次冲击合闸。

二、变压器停送电顺序

变压器停电操作时，按照先停负荷侧、后停电源侧的操作顺序进行；变压器送电时操作顺序相反。三绕组降压变压器停电操作时，按照低压侧、中压侧、高压侧的操作顺序进行；变压器送电时操作顺序相反。有特殊规定者除外。

三、中性点操作要求

（1）110kV 及以上中性点有效接地系统中投运或停运变压器的操作，中性点应先接地。投入后可按系统需要决定中性点接地是否断开。110kV 及以上中性点接小电抗的系统，投运时可以带小电抗投入。

（2）并列运行的主变压器需要倒换中性点接地隔离开关时，应先合上需要合闸的中性点接地隔离开关，然后拉开待停用中性点接地隔离开关，并相应调整主变压器中性点保护。

（3）主变压器中性点接地隔离开关合上后，应停用主变压器间隙保护；主变压器中性点接地隔离开关拉开前，投入主变压器间隙保护。

（4）变压器中性点接地方式为经小电抗接地时，允许变压器在中性点经小电抗接地的情况下，进行变压器停、送电操作。在送电操作前应特别检查变压器中性点经小电抗可靠接地。

四、变压器操作对保护、无功自动投切、各侧母线、站用电等的要求

（1）主变压器停电前，应将对应的无功自动投切装置退出；主变压器送电后，再将无功自动投切装置投入。

（2）主变压器停电前，应先行调整好站用电运行方式。

（3）变压器充电前应仔细检查充电侧母线电压，保证充电后各侧电压不超过规定值。检查主变压器保护及相关保护压板投退位置正确，无异常动作信号。

（4）变压器充电后，检查各遥测、遥信指示是否正常，所有开关位置指示及信号应正常。

模块四　油浸式变压器（电抗器）维护

一、吸湿器维护

（1）吸湿剂受潮变色超过 2/3、油封内的油位超过上下限、吸湿器玻璃罩及油封破损时应及时维护。

（2）更换吸湿器及吸湿剂期间，应将相应重瓦斯保护改投信号，对于有载分接开关还应将 AVC 调挡功能退出。

（3）吸湿器内的吸湿剂宜采用同一种变色硅胶，其颗粒直径为 4～7mm，且留有 1/5～1/6 空间。

（4）油封内的油应补充至合适位置，补充的油应合格。

（5）维护后应检查呼吸是否正常、密封完好。

二、冷却系统维护

（1）更换指示灯、空气开关、热耦合接触器时，应检查设备电源是否已断开，用万用表测量接线柱（对地）是否已确无电压。

（2）拆除二次线要用绝缘胶布粘好，防止误搭临近带电设备。

（3）更换完毕后应检查接线正确、紧固。

三、变压器事故油池维护

油池内有杂物、积水，应及时清理和抽排。

四、气体继电器集气盒放气

（1）应记录放气时间、集气盒气体体积。

（2）放气后应及时关闭排气阀，确保关闭紧密，无渗漏油。

（3）如需取气进行气体检测时，应装设专用接头及进出口测量管路，接头及管路应连接可靠无漏气。

（4）严禁在取、放气口处以及变压器周围、变电站内进行气体点火检测。

五、变压器铁心、夹件接地电流测试

变压器铁心只允许一点接地。接地不良会引起变压器内部放电，多点接地会在接地回路中产生电流引起变压器温度升高，导致油温升高、产气量增加甚至气体保护动作。变压器运行正常时接地电流一般接近零。测量铁心接地电流可以有效发现多点接地。

（1） 测试条件。

1）测试周期：110kV 及以下为 2 年。

2）环境要求。

a）在良好的天气下进行检测。

b）环境温度一般不低于+5℃。

c）空气相对湿度一般不高于 80%。

3）人员要求。进行变压器铁心接地电流检测的人员应具备如下条件：

a）熟悉变压器铁心接地电流带电检测技术的基本原理、诊断分析方法。

b）了解钳形电流表和专用铁心接地电流带电检测仪器的工作原理、技术参数和性能。

c）掌握钳形电流表和专用铁心接地电流带电检测仪器的操作程序和使用方法。

d）了解变压器的结构特点、工作原理、运行状况和故障分析的基本知识。

e）接受过铁心接地电流带电检测的培训，具备现场检测能力。

f）具有一定的现场工作经验，熟悉并能严格遵守电力生产和工作现场的相关安全管理规定。

g）人员需经上岗培训，考试合格。

4）安全要求。

a）应严格执行国家电网有限公司《电力安全工作规程（变电部分）》的相关要求。

b）检测工作不得少于两人。试验负责人应由有经验的人员担任，开始试验前，试验负责人应向全体试验人员详细布置试验中的安全注意事项，交代邻近间隔的带电部位，以及其他安全注意事项。

c）应在良好的天气下进行，如遇雷、雨、雪、雾不得进行该项工作，风力大于5级时，不宜进行该项工作。

d）检测时应与设备带电部位保持相应的安全距离。

e）在进行检测时，要防止误碰误动设备。

f）行走中注意脚下，防止踩踏设备管道。

g）测试前必须认真检查表计倍率、量程、零位，均应正确无误。

（2）测试准备。

1）在使用钳形电流表前应仔细阅读说明书，学习掌握钳形电流表使用方法。

2）进行变压器外观检查，重点注意噪声、油位和油温。

3）检查钳形电流表是否正常。正确选择钳形电流表的电压等级，检查其外观绝缘是否良好，有无破损，指针是否摆动灵活，钳口有无锈蚀等。

4）掌握设备型号、制造厂家、安装日期等信息以及运行情况。

5）掌握被试设备及参考设备历次停电例行试验和带电检测数据。

6）确认变压器铁心接地引线可靠接地。

7）确认检测仪引线导通良好。

变压器启、停运过程中严禁检测。

（3）测试方法。

1）接线原理图。铁心接地电流检测原理图如图1－1所示。

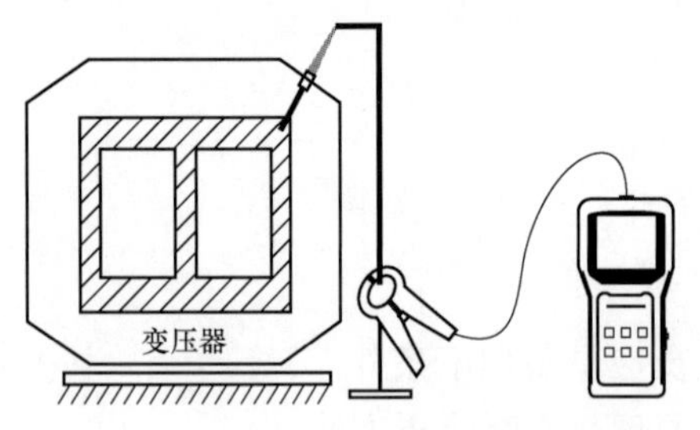

图1－1　铁心接地电流检测原理图

2）试验步骤。

a）打开测量仪器，选择适当的量程。

b）在接地电流直接引下线段进行测试（历次测试位置应相对固定）。

c）使钳形电流表与接地引下线保持垂直。

d）待电流表数据稳定后，读取数据并做好记录。

（4）试验验收。

1）检查数据是否准确、完整。

2）检测完毕后，进行现场清理，确保无遗漏。

（5）试验数据分析和处理。

1）铁心接地电流检测结果应符合以下要求：

a）油浸式电力变压器：不大于100mA（注意值）。

b）与历史数值比较无较大变化。

2）综合分析。

a）当变压器铁心接地电流检测结果受环境及检测方法的影响较大时，可通过历次试验结果进行综合比较，根据其变化趋势做出判断。

b）数据分析还需综合考虑设备历史运行状况、同类型设备参考数据，同时结合其他带电检测试验结果，如油色谱试验、红外精确测温及高频局部放电检测等手段进行综合分析。

c）接地电流大于 300mA 应考虑铁心（夹件）存在多点接地故障，必要时串接限流电阻。

d）当怀疑有铁心多点间歇性接地时可辅以在线检测装置进行连续检测。

（6）试验记录。现场试验结束后，应进行接地引下线导通试验记录，铁心接地电流检测记录报告格式如表 1－3 所示。

表 1－3　　铁心接地电流检测记录

一、基本信息							
变电站		委托单位		试验单位			
试验性质		试验日期		试验人员		试验地点	
报告日期		报告人		审核人		批准人	
试验天气		温度（℃）		湿度（%）			

二、设备铭牌					
运行编号		生产厂家		额定电压	
投运日期		出厂日期		出厂编号	
设备型号					

三、检测数据	
油温（℃）	
铁心接地电流（mA）	
夹件接地电流（mA）	
检测仪器	
检测结论	
备注	

六、红外热像检测

（1）检测周期：35～110kV 变压器每 6 个月不少于 1 次，迎峰度夏前和迎峰度夏中各开展 1 次精确测温。新安装的变压器应在投运后 1 个月内进行首次红外热像测温，大修后的变压器应在运行 1 周内进行红外热像测温。迎峰度夏（冬）、大负荷、保供电期间及时增加检测频次。

（2）检测范围为变压器本体及附件。重点检测套管油位、储油柜油位、引线接头、套管及其末屏、电缆终端、二次回路。配置智能机器人巡检系统的变电站，可由智能机器人完成红外普测和精确测温，由专业人员进行复核。

七、在线监测装置载气更换

（1）气瓶上高压指示下降到1MPa时，应更换气瓶。

（2）更换时装置应停止工作。

（3）更换完毕后采用泡沫法或专用气体检漏仪，检测气路系统是否漏气。

模块五　油浸式变压器（电抗器）典型故障和异常处理

一、变压器本体主保护动作

（1）现象。

1）监控系统发出重瓦斯保护动作、差动保护动作、差动速断保护动作信息，主画面显示主变压器各侧断路器跳闸，各侧电流、功率显示为零。

2）保护装置发出重瓦斯保护动作、差动保护动作、差动速断保护动作信息。

（2）处理原则。

1）现场检查保护范围内一次设备，重点检查变压器有无喷油、漏油等，检查气体继电器内部有无气体积聚，检查油色谱在线监测装置数据，检查变压器本体油温、油位变化情况。

2）确认变压器各侧断路器跳闸后，应立即停运强油风冷变压器的潜油泵。

3）认真检查核对变压器保护动作信息，同时检查其他设备保护动作信号、一次和二次回路及直流电源系统、站用电系统运行情况。

4）站用电系统全部失电应尽快恢复正常供电。

5）检查运行变压器是否过负荷，根据负荷情况投入冷却器。若变压器过负荷运行，应汇报值班调控人员转移负荷。

6）检查备自投装置动作情况。如果备自投装置正确动作，则退出母联断路器备用电源自投装置。如果备自投装置没有正确动作，检查备自投装置作用断路器具备条件时，退出备用电源自投装置后，立即合上备自投装置动作后所作用的断路器，恢复失电母线所带负载。

7）检查故障发生时现场是否存在检修作业，是否存在引起保护动作的可能因素。

8）综合变压器各部位检查结果和继电保护装置动作信息，分析确认故障设备，快速隔离故障设备。

9）记录保护动作时间及一、二次设备检查结果并汇报。

10）确认故障设备后，应提前布置检修试验工作的安全措施。

11）确认保护范围内无故障后，应查明保护是否误动及误动原因。

二、变压器有载调压重瓦斯动作

（1）现象。

1）监控系统发出有载调压重瓦斯保护动作信息，主画面显示主变压器各侧断路器跳闸，各侧电流、功率显示为零。

2）保护装置发出变压器有载调压重瓦斯保护动作信息。

（2）处理原则。

1）现场检查调压开关有无喷油、漏油等，检查气体继电器内部有无气体积聚、干簧管是否破碎。

2）认真检查核对有载调压重瓦斯保护动作信息，同时检查其他设备保护动作信号、一次和二次回路、直流电源系统和站用电系统运行情况。

3）站用电系统全部失电应尽快恢复正常供电。

4）检查运行变压器是否过负荷，根据负荷情况投入冷却器。若变压器过负荷运行，应汇报值班调控人员转移负荷。

5）检查备自投装置动作情况。如果备自投装置正确动作，则退出母联断路器备用电源自投装置。如果备自投装置没有正确动作，检查备自投装置作用断路器具备条件时，退出备用电源自投装置后，立即合上备自投装置动作后所作用的断路器，恢复失电母线所带负载。

6）检查故障发生时滤油装置是否启动、现场是否存在检修作业、是否存在引起重瓦斯保护动作的可能因素。

7）综合变压器各部位检查结果和继电保护装置动作信息，分析确认由于调压开关内部故障造成调压重瓦斯保护动作，快速隔离故障变压器。

8）检查有载调压重瓦斯保护动作前，调压开关分接开关是否进行调整，统计调压开关近期动作次数及总次数。

9）记录保护动作时间及一、二次设备检查结果并汇报。

10）确认调压开关内部故障造成瓦斯保护动作后，应提前布置故障变压器检修试验工作的安全措施。

11）确认变压器内部无故障后，应查明有载调压重瓦斯保护是否误动及误动原因。

三、变压器后备保护动作

（1）现象。

1）监控系统发出复合电压闭锁过流保护、零序保护、间隙保护等信息，主画面显示主变压器相应断路器跳闸，电流、功率显示为零。

2）保护装置发出变压器后备保护动作信息。

（2）处理原则。

1）检查变压器后备保护动作范围内是否存在造成保护动作的故障，检查故障录波器有无短路引起的故障电流，检查是否存在越级跳闸现象。

2）认真检查核对后备保护动作信息，同时检查其他设备保护动作信号、一次和二次回路、直流电源系统和站用电系统运行情况。

3）站用电系统全部失电应尽快恢复正常供电。

4）检查运行变压器是否过负荷，根据负荷情况投入冷却器。若变压器过负荷运行，应汇报值班调控人员转移负荷。

5）检查失电母线及各线路断路器，根据调度命令转移负荷。

6）检查故障发生时现场是否存在检修作业，是否存在引起重瓦斯保护动作的可能因素。

7）如果发现后备保护范围内有明显故障点，在隔离故障点后，汇报值班调控人员，按照值班调控人员指令处理。

8）确认出线断路器越级跳闸，在隔离故障点后，汇报值班调控人员，按照值班调控人员指令处理。

9）检查站内无明显异常，应联系检修人员，查明后备保护是否误动及误动原因。

10）记录后备保护动作时间及一、二次设备检查结果并汇报。

11）提前布置检修试验工作的安全措施。

四、变压器着火

（1）现象。

1）监控系统发出重瓦斯保护动作、差动保护动作、消防总告警等信息，主画面显示主变压器各侧断路器跳闸，各侧电流、功率显示为零。

2）保护装置发出变压器重瓦斯保护、差动保护动作信息。

3）变压器冒烟着火。

（2）处理原则。

1）现场检查变压器有无着火、爆炸、喷油、漏油等。

2）检查变压器各侧断路器是否断开，保护是否正确动作。

3）变压器保护未动作或者断路器未断开时，应立即拉开变压器各侧断路器及隔离开关和冷却器交流电源，迅速采取灭火措施，防止火灾蔓延。

4）如油溢在变压器顶盖上着火时，则应打开下部阀门放油至适当油位；如变压器内部故障引起着火时，则不能放油，以防变压器发生严重爆炸。

5）灭火后检查直流电源系统和站用电系统运行情况。

6）检查运行变压器是否过负荷，根据负荷情况投入冷却器。若变压器过负荷运行，应汇报值班调控人员转移负荷。

7）检查失电母线及各线路断路器，汇报值班调控人员，按照值班调控人员指令处理。

8）检查故障发生时现场是否存在引起主变压器着火的检修作业。

9）记录保护动作时间及一、二次设备检查结果并汇报。

10）变压器着火时应立即汇报上级管理部门，及时报警。

五、变压器套管炸裂

（1）现象。

1）监控系统发出差动保护、重瓦斯保护动作信息，主画面显示主变压器各侧断路器跳闸，各侧电流、功率显示为零。

2）保护装置发出变压器差动保护动作信息。

3）变压器套管炸裂、严重漏油（无油位）。

（2）处理原则。

1）检查变压器套管炸裂情况。

2）确认变压器各侧断路器跳闸后，应立即停运强油风冷变压器的潜油泵。

3）认真检查核对变压器差动保护动作信息，同时检查其他设备保护动作信号、一次和二次回路、直流电源系统和站用电系统运行情况。

4）站用电系统全部失电应尽快恢复正常供电。

5）检查运行变压器是否过负荷，根据负荷情况投入冷却器。若变压器过负荷运行，应汇报值班调控人员转移负荷。

6）检查备自投装置动作情况。如果备自投装置正确动作，则退出母联断路器备用电源自投装置。如果备自投装置没有正确动作，检查备自投装置作用断路器具备条件时，退出备用电源自投装置后，立即合上备自投装置动作后所作用的断路器，恢复失电母线所带负载。

7）快速隔离故障变压器。

8）记录变压器保护动作时间及一、二次设备检查结果并汇报。

9）提前布置故障变压器检修试验工作的安全措施。

六、压力释放阀动作

（1）现象。

1）监控系统发出压力释放阀动作告警信息。

2）保护装置发出压力释放阀动作告警信息。

（2）处理原则。

1）现场检查变压器本体及附件，重点检查压力释放阀有无喷油、漏油，检查气体继电器内部有无气体积聚，检查油色谱在线监测装置数据，检查变压器本体油温、油位变化情况。

2）认真检查核对变压器保护动作信息，同时检查其他设备保护动作信号、一次和二次回路和直流电源系统运行情况。

3）记录保护动作时间及一、二次设备检查结果并汇报。

4）压力释放阀冒油，且变压器主保护动作跳闸时，在未查明原因、消除故障前，不得将变压器投入运行。

5）压力释放阀冒油而重瓦斯保护、差动保护未动作时，应检查变压器油温、油位、运行声音是否正常，检查变压器本体与储油柜连接阀门是否开启、呼吸器是否畅通。并立即联系检修人员进行色谱分析。如果色谱正常，应查明压力释放阀是否误动及误动原因。

6）现场检查未发现渗油、冒油，应联系检修人员检查二次回路。

七、变压器轻瓦斯动作

（1）现象。

1）监控系统发出变压器轻瓦斯保护告警信息。

2）保护装置发出变压器轻瓦斯保护告警信息。

3）变压器气体继电器内部有气体积聚。

（2）处理原则。

1）轻瓦斯动作发信时，应立即对变压器进行检查，查明动作原因，是否因聚集空气、油位降低、二次回路故障或是变压器内部故障造成。如气体继电器内有气体，则联系检修人员进行处理。

2）新投运变压器运行一段时间后缓慢产生的气体，如产生的气体不是特别多，一般可将气体放空即可，有条件时可做一次气体分析。

3）若检修部门检测气体继电器内的气体为无色、无臭且不可燃，色谱分析判断为空气，则变压器可继续运行，并及时消除进气缺陷。

4）若检修部门检测气体是可燃的或油中溶解气体分析结果异常，应综合判断确定变压器内部故障，应申请将变压器停运。

5）轻瓦斯动作发信后，如一时不能对气体继电器内的气体进行色谱分析，则可按下面方法鉴别：

a）无色、不可燃的是空气。

b）黄色、可燃的是木质故障产生的气体。

c）淡灰色、可燃并有臭味的是纸质故障产生的气体。

d）灰黑色、易燃的是铁质故障使绝缘油分解产生的气体。

6）变压器发生轻瓦斯频繁动作发信时，应注意检查冷却装置油管路渗漏。

7）如果轻瓦斯动作发信后经分析已判为变压器内部存在故障，且发信间隔时间逐次缩短，则说明故障正在发展，这时应向值班调控人员申请停运处理。

八、声响异常

（1）现象。变压器声音与正常运行时对比有明显增大且伴有各种噪声。

（2）处理原则。

1）伴有电火花、爆裂声时，立即向值班调控人员申请停运处理。

2）伴有放电的啪啪声时，把耳朵贴近变压器油箱，检查变压器内部是否存在局部放电，汇报值班调控人员并联系检修人员进一步检查。

3）声响比平常增大且均匀时，检查是否为过电压、过负荷、铁磁共振、谐波或直流偏磁作用引起，汇报值班调控人员并联系检修人员进一步检查。

4）伴有放电的吱吱声时，检查器身或套管外表面是否有局部放电或电晕，可用紫外成像仪或超声波局部放电检测仪协助判断，必要时联系检修人员处理。

5）伴有水的沸腾声时，检查轻瓦斯保护是否报警、充氮灭火装置是否漏气，必要时联系检修人员处理。

6）伴有连续的、有规律的撞击或摩擦声时，检查冷却器、风扇等附件是否存在不平衡引起的振动，必要时联系检修人员处理。

九、油温异常升高

（1）现象。

1）监控系统发出变压器油温高告警信息。

2）保护装置发出变压器油温高告警信息。

3）变压器油温与正常运行时对比有明显升高。

（2）处理原则。

1）检查温度计指示，判明温度是否确实升高。

2）检查冷却器、变压器室通风装置是否正常。

3）检查变压器的负荷情况和环境温度，并与以往相同情况做比较。

4）温度计或测温回路故障、散热阀门没有打开，应联系检修人员处理。

5）若温度升高是由于冷却器工作不正常造成，应立即排除故障。

6）检查是否由于过负荷引起，按变压器过负荷规定处理。

十、油位异常

（1）现象。

1）监控系统发出变压器油位异常告警信息。

2）保护装置发出变压器油位异常告警信息。

3）变压器油位与油温不对应，有明显升高或降低。

（2）处理原则。

1）检查变压器是否存在严重渗漏缺陷。

2）利用红外测温装置检测储油柜油位。

3）检查吸湿器呼吸是否畅通，注意做好防止重瓦斯保护误动措施。

4）若变压器渗漏油造成油位下降，应立即采取措施制止漏油。若不能制止漏油，且油位计指示低于下限时，应立即向值班调控人员申请停运处理。

5）若变压器无渗漏油现象，油温和油位偏差超过标准曲线，或油位超过极限位置上下限，联系检修人员处理。

6）若假油位导致油位异常，应联系检修人员处理。

十一、套管渗漏、油位异常和末屏放电

（1）现象。

1）套管表面渗漏有油渍。

2）套管油位异常下降或者升高。

3）末屏接地处有放电声音、电火花。

（2）处理原则。

1）套管严重渗漏或者瓷套破裂，需要更换时，向值班调控人员申请停运处理。

2）套管油位异常时，应利用红外测温装置检测油位，确认套管发生内漏需要吊套管处理时，向值班调控人员申请停运处理。

3）套管末屏有放电声，需要对该套管做试验或者检查处理时，立即向值班调控人员申请停运处理。

4）现场无法判断时，联系检修人员处理。

断路器运行与维护

模块一　断路器运行规定

断路器运行规定应根据电压等级结合现场实际制定。

一、运行规定

（1）断路器铭牌标称容量接近或小于安装地点的母线短路容量，在开断短路故障后，禁止强送，并停用自动重合闸，严禁就地操作。

（2）当断路器开断故障电流的次数比其额定短路电流开断次数少一次时，应向调度申请退出该断路器的重合闸。当达到额定短路电流的开断次数时，申请将断路器检修。

（3）每年应按相累计断路器的动作次数、短路故障开断次数和每次短路开断电流。

（4）断路器允许开断故障次数应写入变电站现场专用记录。

（5）断路器应具备远方和就地操作方式。

（6）断路器应有完整的铭牌、规范的运行编号和名称，相色标志明显，其金属支架、底座应可靠接地。

二、本体运行规定

（1）户外安装的压力表及密度继电器应设置防雨罩，并能将表、控制电缆接线盒和充放气接口遮盖，防止进水受潮。

（2）对于不带温度补偿的 SF_6 压力表或密度继电器，应对照制造厂提供的温度—压力曲线，与相同环境温度下的历史数据进行比较分析。

（3）密度继电器应装设在与断路器本体同一运行环境温度的位置，以保证其报警、闭锁接点正确动作。

（4）压力异常导致断路器分、合闸闭锁时，不准擅自解除闭锁进行操作。压力表（密度继电器）应定期校验。

（5）断路器外壳接地应采用双接地。

（6）绝缘子爬电比距应满足所处地区的污秽等级，不满足污秽等级要求的应采取防污闪措施。

（7）定期检查断路器绝缘子金属法兰与瓷件的胶装部位防水密封胶的完好性，必要时重新复涂防水密封胶。

（8）未涂防污闪涂料的绝缘子应坚持“逢停必扫”，已涂防污闪涂料的绝缘子应监督涂料有效期限，在其失效前应复涂。

三、操动机构运行要求

（1）操动机构的油、气系统应无渗漏，油位、压力符合厂家规定。

（2）电磁操动机构合闸电源应保持稳定，符合要求。合闸线圈端子电压、合闸接触器线圈电压不低于额定电压的80%，最高不得高于额定电压的110%。

（3）手动储能与电动储能之间连锁应完备，手动储能时必须使用专用工具。

四、其他运行规定

（1）机构箱、汇控柜应设置可自动投切的驱潮加热装置。

（2）机构箱、汇控柜驱潮加热装置运行正常、投退正确。

（3）定期对机构箱、汇控柜二次线进行清扫。

五、紧急申请停运规定

（1）下列情况，应立即汇报调控人员申请设备停运。

1）套管有严重破损和放电现象。

2）导电回路部件有严重过热或打火现象。

3）SF_6断路器严重漏气，发出操作闭锁信号。

4）真空断路器的灭弧室有裂纹或放电声等异常现象。

5）落地罐式断路器防爆膜变形或损坏。

6）液压、气动操动机构失压，储能机构储能弹簧损坏。

（2）下列情况，断路器跳闸后不得试送。

1）全电缆线路。

2）调度通知线路有带电检修工作。

3）低频减载保护、系统稳定控制、联切装置及远动装置动作后跳闸的断路器。

模块二　断路器巡视

一、例行巡视

（1）本体。

1）外观清洁、无异物、无异常声响。

2）油断路器本体油位正常，无渗漏油现象。油断路器套管油色、油位正常。油位计清洁。

3）断路器套管电流互感器无异常声响、外壳无变形、密封条无脱落。

4）SF_6断路器管道阀门开闭状态正确，压力表（密度继电器）指示正常、外观无破损或渗漏，防雨罩完好。

5）外绝缘无裂纹、破损及放电现象，增爬伞裙黏接牢固、无变形，防污涂料完好，无脱落、起皮现象。

6）引线弧垂满足要求，无散股、断股，两端线夹无松动、裂纹、变色现象。

7）均压环安装牢固，无锈蚀、变形、破损。

8）套管防雨帽无异物堵塞，无鸟巢。

9）金属法兰无裂痕，防水胶完好，连接螺栓无锈蚀、松动、脱落。

（2）操动机构。

1）液压、气动操动机构压力表指示正常。

2）弹簧储能机构储能正常。

3）分、合闸指示正确，与实际位置相符。

（3）其他。

1）名称、编号、铭牌齐全、清晰，相序标识明显。

2）机构箱、汇控柜箱门平整，无变形、锈蚀，机构箱锁具完好。

3）基础构架无破损、开裂、下沉，支架无锈蚀、松动或变形，无鸟巢、蜂窝等异物。

4）接地引下线标志无脱落，接地引下线可见部分连接完整可靠，接地螺栓紧固，无放电痕迹，无锈蚀、变形现象。

5）原存在的设备缺陷无发展。

二、全面巡视

全面巡视是在例行巡视基础上增加以下巡视项目。

（1）分、合闸线圈无变色、烧损、异味等。

（2）断路器动作计数器指示正常。

（3）弹簧操动机构弹簧无锈蚀、裂纹或断裂。

（4）电磁操动机构合闸保险完好。

（5）液压、气动操动机构管道阀门位置正确。

（6）指示灯正常，压板投退、远方/就地切换把手位置正确。

（7）空气开关、继电器等二次元件外观完好。二次元件标识、电缆标牌齐全清晰。

（8）端子排无锈蚀、裂纹、放电痕迹；二次接线无松动、脱落，绝缘无破损、老化现象；备用芯绝缘护套完备；电缆孔洞封堵完好。

（9）照明、加热除潮装置工作正常。加热装置线缆的隔热护套完好，附近线缆无过热灼烧现象。加热装置投退正确。

（10）机构箱透气口滤网无破损，箱内清洁无异物，无凝露、积水现象。

（11）箱门开启灵活，关闭严密，密封条无脱落、老化现象。

三、熄灯巡视

重点检查引线、接头、线夹有无发热，外绝缘有无放电现象。

四、特殊巡视

（1）新安装或大修后投运的断路器应增加巡视次数，巡视项目按照全面巡视执行。

（2）异常天气时的巡视。

1）大风天气时，检查引线摆动情况，有无断股、散股，均压环及绝缘子是否倾斜、断裂，各部件上有无搭挂杂物。

2）雷雨天气后，检查外绝缘有无放电现象或放电痕迹。

3）大雨、连阴雨天气时，检查机构箱、端子箱等有无进水，加热除湿装置工作是否正常。

4）冰雪天气时，检查导电部分是否有冰雪立即融化现象，大雪时还应检查设备积雪情况，及时处理过多的积雪和悬挂的冰柱。

5）冰雹天气后，检查引线有无断股、散股，绝缘子表面有无破损现象。

6）大雾天气时，检查外绝缘有无放电现象，重点检查污秽部分。

7）温度骤变时，检查断路器油位、压力变化情况、有无渗漏现象；加热除湿装置工作是否正常。

8）高温天气时，检查引线、线夹有无过热现象。

（3）高峰负荷期间，增加巡视次数，检查引线、线夹有无过热现象。

（4）故障跳闸后的巡视。

1）断路器外观是否完好。

2）断路器的位置是否正确。

3）外绝缘、接地装置有无放电现象、放电痕迹。

4）断路器内部有无异音。

5）压力表指示是否正常。

6）油断路器有无喷油，油色及油位是否正常。

7）各附件有无变形，引线、线夹有无过热、松动现象。

8）保护动作情况及故障电流情况。

模块三　断路器操作

（1）断路器检修后应经验收合格、传动确认无误后，方可送电操作。断路器检修涉及继电保护、控制回路等二次回路时，还应由继电保护人员进行传动试验，确认合格后方可送电。

（2）断路器投运前，应检查接地线是否全部拆除，防误闭锁装置是否正常。

（3）长期停运超过 6 个月的断路器，应经常规试验合格方可投运。

（4）操作前应检查控制回路和辅助回路的电源正常，检查机构已储能，检查油断路器油位、油色正常；真空断路器灭弧室无异常；SF_6 断路器气体压力在规定的范围内；各种信号正确、表计指示正常。

（5）压力异常导致断路器分、合闸闭锁时，不准擅自解除闭锁，进行操作。

（6）断路器（分）合闸操作后，应到现场确认本体和机构（分）合闸指示器以及拐臂、传动杆位置，保证开关确已正确（分）合闸。同时检查开关本体有、无异常。

（7）使用电磁操动机构的断路器进行合闸操作时，应注意观察合闸电源回路所接直流电流表的变化情况，合闸操作后直流电流表应返回。连续操作电磁操动机构的断路器后，应注意直流母线电压变化，发现异常及时进行调整。

（8）液压操动机构的断路器，在分闸、合闸就地传动操作时，应尽量避开高压管道接口。

模块四　断路器维护

一、一般维护要求

（1）端子箱、机构箱维护。

箱体、箱内驱潮加热元件及回路、照明回路、电缆孔洞封堵维护要求参照端子箱部分相关内容。

（2）断路器本体（地电位）锈蚀。

1）对断路器本体（地电位）的初发性锈蚀，用钢丝刷、砂布、刨刀、棉纱将锈蚀部位处理干净，使表面露出明显的金属光泽，无锈斑、起皮现象。

2）对表面处理后的部分，涂抹防腐材料，并喷涂同色度的面漆。

3）处理时应保证足够的安全距离。

（3）指示灯更换。

1）发现指示灯不能正确反映设备正常状态时，应予以检查，确定为指示灯故障时应更换。

2）应选用相同规格型号的指示灯。

3）更换时，应戴线手套，使用的工具应绝缘良好，防止发生短路接地。

4）拆解的二次线应做好标记，并进行绝缘包扎处理。

5）更换完成后，应检查指示灯指示与设备实际状态是否相符。

（4）储能空气开关更换。

1）发现储能空气开关故障时，应进行更换。

2）应选用相同规格型号的空气开关。

3）检查弹簧操动机构储能指示正常，液压、气动机构压力指示正常。

4）更换前应断开上级电源空气开关或拆除电源线，并确认储能空气开关两侧无电压。

5）更换时，应戴线手套，使用的工具应绝缘良好，防止发生短路接地。

6）拆解的二次线应做好标记，并进行绝缘包扎处理。

7）更换后检查相序正确，确认无误后方可投入。

二、红外热像检测

（1）检测周期。

1）35～110kV 变电站每 6 个月不少于 1 次。

2）新安装的投运后 1 月内不少于 1 次，大修投运后 1 周内不少于 1 次。

3）迎峰度夏（冬）、大负荷、保供电期间增加检测频次。

4）必要时。

（2）检测范围包括断路器引线、线夹、灭弧室、外绝缘及二次回路。

（3）检测重点为断路器引线、线夹、灭弧室及二次回路。

模块五　断路器典型异常和故障处理

一、断路器灭弧室爆炸

（1）故障现象。

1）保护动作，相应断路器在分位，故障断路器电流、功率显示为零。

2）现场检查发现断路器灭弧室炸裂，绝缘介质逸出。

（2）处理原则。

1）检查监控系统断路器跳闸情况及光字、告警等信息。

2）结合保护装置动作情况，核对断路器的实际位置，确定故障区域，查找故障点。

3）找出故障点后，对故障间隔及关联设备进行全面检查，重点检查爆炸断路器相邻设备有无受损，引线有无受力拉伤、损坏的现象。

4）若爆炸现场引起火灾，应立即对火灾进行扑救，必要时联系消防部门。

5）汇报值班调控人员一、二次设备检查结果。

6）若相邻设备受损，无法继续安全运行时，应立即向值班调控人员申请停运。

7）隔离故障断路器，按照值班调控人员指令将非故障设备恢复运行。

8）现场检查时，检查人员应按规定使用安全防护用品。

9）检查时如需进入室内，应开启所有排风机进行强制排风，并用检漏仪测量 SF_6 气体合格，用仪器检测含氧量合格；室外应从上风侧接近断路器进行检查。

二、保护动作断路器拒分

（1）现象。

1）故障间隔保护动作，断路器拒分。后备保护动作切除故障，相应断路器跳闸。

2）拒分断路器在合位，电流、功率显示为零。

（2）处理原则。

1）检查监控系统断路器跳闸情况及光字、告警等信息。

2）结合保护装置动作情况，核对断路器的实际位置，确定拒动断路器。

3）检查断路器保护出口压板是否按规定投入、控制电源是否正常、控制回路接线有无松动、储能操动机构压力是否正常、SF_6 气体压力是否在合格范围内、汇控柜或机构箱内远方/就地把手是否在“远方”位置、分闸线圈是否有烧损痕迹。

4）向值班调控人员汇报一、二次设备检查结果，按照值班调控人员指令隔离故障点及拒动断路器，并将非故障设备恢复运行。

三、控制回路断线

（1）现象。

1）监控系统及保护装置发出控制回路断线告警信号。

2）监视断路器控制回路完整性的信号灯熄灭。

（2）处理原则。

1）应先检查以下内容：

a）上一级直流电源是否消失。

b）断路器控制电源空气开关有无跳闸。

c）机构箱或汇控柜“远方/就地把手”位置是否正确。

d）弹簧储能机构储能是否正常。

e）液压、气动操动机构是否压力降低至闭锁值。

f）SF_6气体压力是否降低至闭锁值。

g）分、合闸线圈是否断线、烧损。

h）控制回路是否存在接线松动或接触不良。

2）若控制电源空气开关跳闸或上一级直流电源跳闸，检查无明显异常，可试送一次。无法合上或再次跳开，未查明原因前不得再次送电。

3）若机构箱、汇控柜远方/就地把手位置在“就地”位置，应将其切至“远方”位置，检查告警信号是否复归。

4）若断路器 SF_6 气体压力或储能操动机构压力降低至闭锁值、弹簧机构未储能、控制回路接线松动、断线或分合闸线圈烧损，无法及时处理时，汇报值班调控人员，按照值班调控人员指令隔离该断路器 。

5）若断路器为两套控制回路时，其中一套控制回路断线时，在不影响保护可靠跳闸的情况下，该断路器可以继续运行。

四、SF_6气体压力降低

（1）现象。

1）监控系统或保护装置发出 SF_6 气体压力低告警、压力低闭锁信号，压力低闭锁时同时伴随控制回路断线信号。

2）现场检查发现 SF_6 压力表（密度计）指示异常。

（2）处理原则。

1）检查 SF_6 压力表（密度继电器）指示是否正常，气体管路阀门是否正确开启。

2）严寒地区检查断路器本体保温措施是否完好。

3）若 SF_6 气体压力降至告警值，但未降至压力闭锁值，联系检修人员，在保证安全的前提下进行补气，必要时对断路器本体及管路进行检漏。

4）若运行中 SF_6 气体压力降至闭锁值以下，立即汇报值班调控人员，断开断路器操作电源，按照值班调控人员指令隔离该断路器。

5）检查人员应按规定使用防护用品；若需进入室内，应开启所有排风机进行强制排风，

并用检漏仪测量 SF_6 气体合格，用仪器检测含氧量合格；室外应从上风侧接近断路器进行检查。

五、操动机构压力低闭锁分合闸

（1）现象。

1）监控系统或保护装置发出操动机构油（气）压力低告警、闭锁重合闸、闭锁合闸、闭锁分闸、控制回路断线等告警信息，并可能伴随油泵运转超时等告警信息。

2）现场检查发现油（气）压力表指示异常。

（2）处理原则。

1）现场检查设备压力表指示是否正常。

2）检查断路器储能操动机构电源是否正常、机构箱内二次元件有无过热烧损现象。

3）检查储能操动机构手动释压阀是否关闭到位，液压操动机构油位是否正常，有无严重漏油。

4）运行中储能操动机构压力值降至闭锁值以下时，应立即断开储能操动电机电源，汇报值班调控人员，断开断路器操作电源，按照值班调控人员指令隔离该断路器。

六、油断路器油位异常

（1）现象。

1）断路器油位高于油位计上限或低于油位计下限。

2）与同类设备比对发现油位异常。

（2）处理原则。

1）油位过高处理。

a）应进行红外测温，如有异常，联系检修人员现场检查、分析，必要时向值班调控人员申请停运。

b）如测温结果正常，则可能由于气温过高、检修后补油过多或假油位造成，应联系检修人员处理，并加强监视。

2）油位过低处理。

a）检查断路器有无渗漏油现象，若无渗漏点可能由于气温过低或油量不足造成，应加强监视，联系检修人员处理，必要时做好停电准备。

b）若已看不见油位，应立即汇报值班调控人员，断开断路器操作电源，按照值班调控人员指令隔离该断路器。

七、操作失灵

（1）现象。

1）分闸操作时发生拒分，断路器无变位，电流、功率指示无变化。

2）合闸操作时发生拒合，断路器无变位，电流、功率显示为零。

（2）处理原则。

1）核对操作设备是否与操作票相符，断路器状态是否正确，“五防”闭锁是否正常。

2）遥控操作时远方/就地把手位置是否正确，遥控压板是否投入。

3）有无控制回路断线信息，控制电源是否正常、接线有无松动、各电气元件有无接触不良，分、合闸线圈是否有烧损痕迹。

4）储能操动机构压力是否正常，SF_6气体压力是否在合格范围内。

5）对于电磁操动机构，应检查直流母线电压是否达到规定值。

6）无法及时处理时，汇报值班调控人员，终止操作。

7）联系检修人员处理，必要时按照值班调控人员指令隔离该断路器。

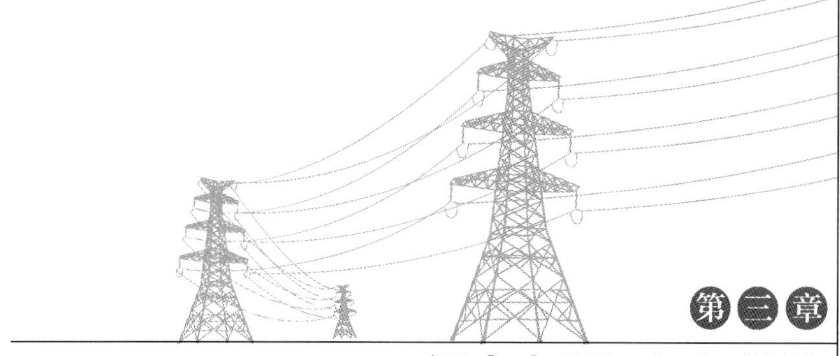

第三章

组合电器运行与维护

模块一　组合电器运行规定

一、运行规定

（1）送电前必须试验合格，各项检查项目合格，各项指标满足要求，保护按照整定配置要求投入，并经验收合格，方可投运。

（2）运行中 SF_6 气体年泄漏率大于 1%；灭弧室微水含量大于 300μL/L，其他气室大于 500μL/L。

（3）运行中正常情况下其外壳及构架上的感应电压不应超过 36V，其温升不应超过 40K。

（4）当 SF_6 气体压力异常发报警信号时，应尽快联系检修人员处理；当气隔内的 SF_6 压力降低至闭锁值时，严禁分、合闸操作。

（5）禁止在 SF_6 设备防爆膜附近停留。

（6）正常情况下应选择远方电控操作方式，当远方电控操作失灵时，方可选择就地电控操作方式。

（7）在组合电器上正常操作时，禁止触及外壳，并保持一定距离；手动操作隔离开关或接地开关时，操作人员必须戴绝缘手套。

（8）组合电器各元件之间装设的电气连锁，运维人员不得随意解除闭锁。

（9）高寒地区罐体应加装加热保温装置，根据环境温度正确投退。

（10）组合电器室应装设强力通风装置，风口应设置在室内底部，排风机电源开关应设置在门外。

（11）组合电器室低位区应安装能报警的氧量仪和 SF_6 气体泄漏报警仪，在工作人员入口处应装设显示器。上述仪器应定期检验，保证完好。

（12）工作人员进入组合电器室，入口处若无 SF_6 气体含量显示器，应先通风 15min，并用检漏仪测量 SF_6 气体含量合格。尽量避免一人进入组合电器室进行巡视。

（13）组合电器变电站应备有正压型呼吸器、防护服、氧量仪和塑料手套等防护器具。

（14）组合电器室应配备干粉灭火器等消防设施。

（15）组合电器室控制盘及低压配电盘内应严密封堵。

（16）所有扩建预留间隔应按在运设备管理，加装密度继电器并可实现远程监视。

（17）在完成预留间隔设备的交接试验后，应将预留间隔的断路器、隔离开关和接地开关置于分闸位置，断开就地控制和操作电源，并在机构箱上加装挂锁。

二、紧急申请停运规定

发现下列情况之一，应立即汇报调控人员申请将组合电器停运：

（1）设备外壳破裂或严重变形、过热、冒烟。

（2）声响明显增大，内部有强烈的爆裂声。

（3）套管有严重破损和放电现象。

（4）SF_6气体压力低至闭锁值。

（5）组合电器防爆膜或压力释放器动作。

（6）组合电器中断路器发生拒动时。

（7）保护装置失灵或停运。

模块二　组合电器巡视

一、例行巡视

（1）设备出厂铭牌齐全、清晰。

（2）运行编号标识、相序标识清晰。

（3）外壳无锈蚀、损坏，漆膜无局部颜色加深或烧焦、起皮现象。

（4）伸缩节外观完好，无破损、变形、锈蚀。

（5）外壳间导流排外观完好，金属表面无锈蚀，连接无松动。

（6）盆式绝缘子分类标示清楚，可有效分辨通盆和隔盆，外观无损伤、裂纹。

（7）套管表面清洁，无开裂、放电痕迹及其他异常现象；金属法兰与瓷件胶装部位黏合应牢固，防水胶应完好。

（8）增爬措施（伞裙、防污涂料）完好，伞群应无塌陷变形，表面无击穿，黏接界面牢固；PRTV涂层无剥离、破损。

（9）均压环外观完好，无锈蚀、变形、破损、倾斜脱落等现象。

（10）引线无散股、断股；引线连接部位接触良好，无裂纹、发热变色、变形。

（11）设备基础应无下沉、倾斜，无破损、开裂。

（12）接地连接无锈蚀、松动、开断，无油漆剥落，接地螺栓压接良好，接地引下线截面应符合要求。

（13）支架无锈蚀、松动或变形。

（14）运行中组合电器无异味，重点检查机构箱中有无线圈烧焦气味。

（15）运行中组合电器无异常放电、振动声，内部及管路无异常声响。

（16）SF_6气体压力表或密度继电器外观完好，二次电缆无脱落、无破损或渗漏油，防雨罩完好。

（17）对于不带温度补偿的 SF_6 气体压力表或密度继电器，应对照制造厂提供的温度—压力曲线，并与相同环境温度下的历史数据进行比较，分析是否存在异常。

（18）压力释放装置（防爆膜）外观完好，无锈蚀变形，防护罩无异常，其释放出口无积水、无障碍物。

（19）开关设备机构油位计和压力表指示正常，无明显漏气漏油。

（20）断路器、隔离开关、接地开关等位置指示正确，清晰可见，机械指示与电气指示一致，符合现场运行方式。

（21）机构箱、汇控柜等的防护门密封良好，平整，无变形、锈蚀。

（22）带电显示装置指示正常，清晰可见。

（23）防误闭锁装置完好、编码正确。

（24）各类配管及阀门应无损伤、变形、锈蚀，阀门开闭正确，管道绝缘法兰与支架完好。

（25）避雷器的动作计数器指示值正常，泄漏电流指示值正常。

（26）各部件的运行监控信号、灯光指示、运行信息显示等均应正常。

（27）在线监测装置外观良好，电源指示灯正常，应保持良好运行状态。

（28）组合电器室的门窗、照明设备应完好，房屋无渗漏水，室内通风良好。

（29）本体及支架无异物，运行环境良好。

（30）有缺陷的设备，检查缺陷、异常有无发展。

（31）变电站现场运行专用规程中根据组合电器的结构特点补充检查的其他项目。

二、全面巡视

全面巡视应在例行巡视的基础上增加以下项目：

（1）机构箱的全面巡视检查项目参考本书断路器部分相关内容。

（2）对集中供气系统，应检查以下项目：气压表压力正常，各接头、管路、阀门无漏气；各管道阀门开闭位置正确；空压机运转正常，机油无渗漏，无乳化现象。

（3）机构箱门应开启灵活，关闭严密，密封条良好，箱内无水迹。

（4）机构箱体接地良好。

（5）机构箱体透气口滤网完好、无破损。

（6）机构箱内无遗留工具等异物。

（7）接触器、继电器、辅助开关、限位开关、空气开关、切换开关等二次元件接触良好、位置正确，电阻、电容等元件无损坏，中文名称标识正确齐全。

（8）二次接线压接良好，无过热、变色、松动，接线端子无锈蚀，电缆备用芯绝缘护套完好。

（9）二次电缆绝缘层无变色、老化或损坏，电缆标牌齐全。

（10）电缆孔洞封堵严密牢固，无漏光、漏风，裂缝和脱漏现象，表面光洁平整。

（11）汇控柜保温措施完好，温湿度控制器及加热器回路运行正常，无凝露，加热器位置应远离二次电缆。

（12）照明装置正常。

（13）指示灯、光字指示正常。

（14）智能柜散热冷却装置运行正常。

（15）压板投退正确。

三、熄灯巡视

（1）引线连接部位、线夹无放电、发红迹象。

（2）套管等部件无闪络、放电。

四、特殊巡视

（1）新设备投入运行后巡视项目与要求。新设备或大修后投入运行重点检查设备有无异声；红外检测罐体、引线接头等有无异常发热。

（2）异常天气时的巡视项目和要求。

1）严寒季节时，检查设备 SF_6 气体压力有无过低，管道有无冻裂，加热保温装置是否正确投入。

2）气温骤变时，检查加热器投运情况，压力表计变化、液压机构设备有无渗漏油等情况；检查本体有无异常位移、伸缩节有无异常。

3）大风、雷雨、冰雹天气过后，检查导引线位移、金具固定情况及有无断股迹象，设备上有无杂物，套管有无放电痕迹及破裂现象。

4）浓雾、毛毛雨天气时，检查套管有无表面闪络和放电，各接头部位在小雨中出现水蒸气上升现象时，应进行红外测温。

5）冰雪天气时，检查设备积雪、覆冰厚度情况，及时清除外绝缘上形成的冰柱。

6）高温天气时，增加巡视次数，监视设备温度，检查引线接头有无过热现象，设备有无异常声音。

（3）故障跳闸后的巡视。

1）检查现场一次设备（特别是保护范围内设备）外观，导引线有无断股等情况。

2）检查保护装置的动作情况。

3）检查断路器运行状态（位置、压力、油位）。

4）检查各气室压力。

模块三　组合电器操作与维护

一、操作

（1）组合电器设备电气闭锁装置禁止随意解锁或者停用。正常运行时，汇控柜内的闭锁控制钥匙应严格按照电力安全工作规程规定保管使用。

（2）组合电器操作前后，无法直接观察设备位置的，应按照安规的规定通过间接方法判断设备位置。

（3）组合电器无法进行直接验电的部分，可以按照安规的规定进行间接验电。

二、维护

（1）汇控柜维护。

1）每月清扫汇控柜。

2）电热装置在入冬前应进行一次全面检查并投入运行，发现缺陷及时处理。

3）驱潮装置应在雨季来临之前进行一次全面检查并投入运行，发现缺陷及时处理。

4）汇控柜体消缺及柜内驱潮加热、防潮防凝露模块和回路、照明回路作业消缺，二次电缆封堵修补的维护要求参照本书端子箱部分相关内容。

（2）高压带电显示装置维护。

1）高压带电显示装置显示异常，应进行检查维护。

2）对于具备自检功能的带电显示装置，利用自检按钮确认显示单元是否正常。

3）对于不具备自检功能的带电显示装置，测量显示单元输入端电压：若有电压则判断为显示单元故障，自行更换；若无电压则判断为传感单元故障，联系检修人员处理。

4）更换显示单元前，应断开装置电源，拆解二次线时应做绝缘包扎处理。

5）维护后，应检查装置运行正常，显示正确。

（3）指示灯更换。

1）指示灯指示异常，应进行检查。

2）测量指示灯两端对地电压：若电压正常则判断为指示灯故障，自行更换；若电压异常则判断为回路其他单元故障，联系检修人员处理。

3）更换指示灯前，应断开信号电源，并用万用表测量电源侧确无电压。

4）更换时，运维人员应戴手套，拆解二次线时应做绝缘包扎处理。

5）维护后，应检查指示灯运行正常，显示正确。

（4）储能空气开关更换。

1）储能空气开关不满足运行要求时，应进行更换。

2）更换储能空气开关前，应断开上级电源，并用万用表测量电源侧确无电压。

3）更换时，运维人员应戴手套，打开的二次线应做好绝缘措施。

4）更换后检查极性、相序正确，确认无误后方可投入储能空气开关。

（5）组合电器红外热像检测。

1）35～110kV 每 6 个月不少于 1 次，迎峰度夏前和迎峰度夏中各开展 1 次精确测温。新安装的投运后 1 月内不少于 1 次，大修投运后 1 周内不少于 1 次。迎峰度夏（冬）、大负荷、保供电期间增加检测频次。

2）检测本体及进出线电气连接、汇控柜等处，对电压互感器隔室、避雷器隔室、电缆仓隔室、接地线及汇控柜内二次回路重点检测。

3）检测中若发现罐体温度异常偏高，应尽快上报处理。

模块四　组合电器故障及异常处理

一、内部绝缘故障、击穿

（1）现象。组合电器内部绝缘故障、击穿将造成保护动作跳闸，在不同接线方式下，将造成出线保护、母线保护或主变压器后备保护等动作。

（2）处理原则。

1）检查现场故障情况（保护动作情况、现场运行方式、故障设备外观等），汇报值班调控人员。

2）根据值班调控人员指令隔离故障组合电器，将其他非故障设备恢复运行，联系检修人员处理。

二、SF_6气体压力异常

（1）现象。监控系统发出 SF_6 气体压力告警、闭锁信号或 SF_6 压力表压力指示降低。

（2）处理原则。

1）现场检查 SF_6 压力表外观是否完好，所接气体管道阀门是否处于打开位置。

2）监控系统发出气体压力低告警或闭锁信号，但现场检查 SF_6 压力表指示正常，判断为误发信号，联系检修人员处理。

3）若 SF_6 气压确已降低至告警值，但未降至闭锁值，联系检修人员处理。

4）补气后，检查 SF_6 各管道阀门的开闭位置是否正确，并跟踪监视 SF_6 气压变化情况。

5）若 SF_6 气压确已降到闭锁操作压力值或直接降至零值，应立即断开操作电源，锁定操动机构，并立即汇报值班调控人员申请将故障组合电器隔离。

三、声响异常

（1）现象。与正常运行时对比有明显增大且伴有各种杂音。

（2）处理原则。

1）伴有电火花、爆裂声时，立即申请停电处理。

2）伴有振动声时，检查组合电器外壳及接地紧固螺栓有无松动，必要时联系检修人员处理。

3）伴有放电的吱吱等声响时，检查本体或套管外表面是否有局部放电或电晕，联系检修人员处理。

四、局部过热

（1）现象。红外测温中罐体、引线接头等部位温度异常偏高。

（2）处理原则。

1）红外测温发现组合电器罐体温度异常升高时，应考虑是否为内部发热导致，并联系检修人员进行精确测温判断。

2）红外测温发现组合电器引线接头温度异常升高时：

a）发热部分和正常相温差不超过15K，应对该部位增加测温次数，进行缺陷跟踪。

b）发热部分最高温度不小于90℃或相对温差不小于80%，应加强检测，必要时上报调控中心，申请转移负荷或倒换运行方式。

c）发热部分最高温度不小于130℃或相对温差不小于95%，应立即上报调控中心，申请转移负荷或倒换运行方式，必要时停运该组合电器。

五、分、合闸异常

（1）现象。分、合闸指示器指示不正确；操作过程中有非正常金属撞击声。

（2）处理原则。

1）检查分合闸指示器标识是否存在脱落变形。

2）结合运行方式和操作命令，检查监控系统变位、保护装置、遥测、遥信等信息确认设备实际位置，必要时联系检修人员处理。

六、组合电器发生故障气体外逸时的安全技术措施

（1）现象。现场可听到嘶嘶声，SF_6及氧气含量检测装置报警。

（2）处理原则。

1）室内组合电器发生故障有气体外逸时，全体人员迅速撤离现场，并立即投入全部通风设备。只有在组合电器室彻底通风或检测室内氧气含量正常，SF_6气体分解物完全排除后，才能进入室内，必要时带防毒面具，穿防护服。

2）在事故发生后15min之内，只允许抢救人员进入室内。事故发生后4h内，任何人员进入室内必须穿防护服、戴手套，以及戴备有氧气呼吸器的防毒面具。

3）若有人被外逸气体侵袭，应立即送医院诊治。

隔离开关运行与维护

模块一 隔离开关运行规定

一、一般规定

（1）隔离开关应满足装设地点的运行工况，在正常运行和检修或发生短路情况下应满足安全要求。

（2）隔离开关和接地开关所有部件和箱体上，尤其是传动连接部件和运动部位不得有积水出现。

（3）隔离开关应有完整的铭牌、规范的运行编号和名称，相色标志明显，其金属支架、底座应可靠接地。

二、导电部分

（1）隔离开关导电回路长期工作温度不宜超过 80℃。

（2）隔离开关在合闸位置时，触头应接触良好，合闸角度应符合产品技术要求。

（3）隔离开关在分闸位置时，触头间的距离或打开角度应符合产品技术要求。

三、绝缘子

（1）绝缘子爬电比距应满足所处地区的污秽等级，不满足污秽等级要求的应采取防污闪措施。

（2）逢停必扫。

四、操动机构和传动部分

（1）隔离开关与其所配装的接地开关间有可靠的机械闭锁，机械闭锁应有足够的强度，电动操作回路的电气连锁功能应满足要求。

（2）隔离开关辅助触点应切换可靠，操动机构、测控、保护、监控系统的分合闸位置指示应与实际位置一致。

（3）电动操动机构的隔离开关手动操作时，应断开其控制电源和电机电源。

（4）电动操作时，隔离开关分合到位后电动机应自动停止。

（5）接地开关的传动连杆及导电杆上应按规定设置接地标识。

五、其他

（1）机构箱应设置可自动投切的驱潮加热装置，定期检查驱潮加热装置运行正常、投退正确。

（2）定期对机构箱二次线进行清扫。

六、紧急停运规定

发现下列情况，应立即向值班调控人员申请停运处理：

（1）线夹有裂纹、接头处导线断股。

（2）导电回路严重发热达到危急缺陷，且无法倒换运行方式或转移负荷。

（3）绝缘子严重破损且伴有放电声或严重电晕。

（4）绝缘子发生严重放电、闪络现象。

（5）绝缘子有裂纹。

模块二　隔离开关巡视

一、例行巡视

（1）导电部分。

1）合闸状态的隔离开关触头接触良好，合闸角度符合要求；分闸状态的隔离开关触头间的距离或打开角度符合要求。

2）触头、触指（包括滑动触指）、压紧弹簧无损伤、变色、锈蚀、变形，导电杆无损伤、变形现象。

3）引弧触头完好、无烧损，灭弧装置外观完好，SF_6灭弧装置的气体压力正常。

4）引线弧垂满足要求，无散股、断股，两端线夹无松动、裂纹、变色现象。

5）导电底座无变形、裂纹，连接螺栓无锈蚀、松动、脱落现象。

6）均压环安装牢固，表面光滑，无锈蚀、损伤、变形现象。

（2）绝缘子。

1）绝缘子外观清洁，无倾斜、破损、裂纹、放电痕迹或放电异声。

2）金属法兰与瓷件的胶装部位完好，防水胶无开裂、起皮、脱落现象。

3）金属法兰无裂痕，连接螺栓无锈蚀、松动、脱落现象。

（3）传动部分。

1）传动连杆、拐臂、万向节无锈蚀、松动、变形现象。

2）轴销无锈蚀、脱落现象，开口销齐全。

3）接地开关平衡弹簧无锈蚀、断裂现象，平衡锤牢固可靠；接地开关可动部件与其底座之间的软连接完好、牢固。

（4）基座、机械闭锁及限位部分。

1）基座无裂纹、破损，连接螺栓无锈蚀、松动、脱落现象。

2）机械闭锁位置正确，机械闭锁盘、闭锁板、闭锁销无锈蚀、变形现象，闭锁间隙符合要求。

3）限位装置完好可靠。

（5）操动机构。

1）隔离开关操动机构机械指示与隔离开关实际位置一致。

2）各部件无锈蚀、松动、脱落现象，连接轴销齐全。

（6）其他。

1）名称、编号、铭牌齐全清晰，相序标识明显。

2）机构箱无锈蚀、变形现象，机构箱锁具完好。

3）基础无破损、开裂、倾斜、下沉，架构无锈蚀、松动、变形现象，无鸟巢、蜂窝等异物。

4）接地引下线标志无脱落，接地引下线可见部分连接完整可靠，接地螺栓紧固，无放电痕迹，无锈蚀、变形现象。

5）“五防”锁具无锈蚀、变形现象。

6）原存在的设备缺陷是否有发展。

二、全面巡视

全面巡视在例行巡视的基础上增加以下项目：

（1）隔离开关远方/就地切换把手、手动/电动操作把手位置正确。

（2）辅助开关外观完好，与传动杆连接可靠。

（3）空气开关、电动机、接触器、继电器、限位开关等元件外观完好。二次元件标识、电缆标牌齐全清晰。

（4）端子排无锈蚀、裂纹、放电痕迹；二次接线无松动、脱落，绝缘无破损、老化现象；备用芯绝缘护套完备；电缆孔洞封堵完好。

（5）照明、加热除潮装置工作正常，加热器线缆的隔热护套完好，附近线缆无烧损现象。

（6）机构箱透气口滤网无破损，箱内清洁无异物、凝露、积水现象。

（7）箱门开启灵活，关闭严密，密封条无脱落、老化现象。

三、熄灯巡视

重点检查隔离开关触头、引线、接头、线夹有无发热，绝缘子表面有无放电现象。

四、特殊巡视

（1）新安装或大修后投运的隔离开关应增加巡视次数，巡视项目按照全面巡视执行。

（2）异常天气时的巡视。

1）大风天气时，检查引线摆动情况，有无断股、散股，均压环及绝缘子是否倾斜、断裂，各部件上有无搭挂杂物。

2）雷雨天气后，检查绝缘子表面有无放电现象或放电痕迹，检查接地装置有无放电痕迹。

3）大雨、连续阴雨天气时，检查机构箱、端子箱有无进水，加热除湿装置工作是否正常。

4）冰雪天气时，检查导电部分是否有冰雪立即融化现象，大雪时还应检查设备积雪情况，及时处理过多的积雪和悬挂的冰柱。

5）冰雹天气后，检查引线有无断股、散股，绝缘子表面有无破损现象。

6）大雾天气时，检查绝缘子有无放电现象，重点检查污秽部分。

7）高温天气时，检查触头、引线、线夹有无过热现象。

（3）高峰负荷期间，增加巡视次数，重点检查触头、引线、线夹有无过热现象。

（4）故障跳闸后，检查隔离开关各部件有无变形，触头、引线、线夹有无过热、松动，绝缘子有无裂纹或放电痕迹。

模块三　隔离开关操作与维护

一、允许隔离开关操作的范围

（1）拉、合系统无接地故障的消弧线圈。

（2）拉、合系统无故障的电压互感器、避雷器或110kV及以下电压等级空载母线。

（3）拉、合系统无接地故障的变压器中性点的接地开关。

（4）拉、合与运行断路器并联的旁路电流。

（5）拉、合空载站用变压器。

（6）拉、合110kV及以下且电流不超过2A的空载变压器和充电电流不超过5A的空载线路，但当电压在20kV以上时，应使用户外垂直分合式三联隔离开关。

（7）拉、合电压在10kV及以下时，电流小于70A的环路均衡电流。

（8）拉合3/2接线的母线转移电流。

二、隔离开关操作要求

（1）运行中的隔离开关与其断路器、接地开关间的闭锁装置应完善可靠。

（2）隔离开关支持绝缘子、传动机构有严重损坏时，严禁操作该隔离开关。

（3）隔离开关、接地开关合闸前应检查触头内无异物（覆冰）。

（4）隔离开关操作过程中，应严格监视隔离开关动作情况，如有机构卡涩、顶卡、动触头不能插入静触头等现象时，应停止操作并进行处理，严禁强行操作。

（5）隔离开关就地操作时，应做好支柱绝缘子断裂的风险分析与预控，监护人员应严格监视隔离开关动作情况，操作人员应视情况做好及时撤离的准备。

（6）手动合上隔离开关开始时应迅速果断，但合闸终了不应用力过猛，以防瓷质绝缘子断裂造成事故。手动拉开隔离开关开始时应慢而谨慎，当触头刚刚分开的时刻应迅速拉开，然后检查动静触头断开是否到位。

（7）合闸操作后应检查三相触头是否合闸到位，接触应良好；水平旋转式隔离开关检查两个触头是否在同一轴线上；单臂垂直伸缩式和垂直开启剪刀式隔离开关检查上、下拐臂是否均已经越过“死点”位置。

（8）电动操作隔离开关后，应检查隔离开关现场实际位置是否与监控机显示隔离开关位置一致。

（9）母线侧隔离开关操作后，检查母差保护模拟图及各间隔保护电压切换箱是否变位，并进行隔离开关位置确认。

（10）配置独立操作机构的单相隔离开关送电操作时，应先合上边相隔离开关、再合上中相隔离开关；停电操作顺序与此相反。操作单相隔离开关一旦发生错误时，应停止操作其他各相隔离开关。

（11）误合上隔离开关后禁止再行拉开，合闸操作时即使发生电弧，也禁止将隔离开关再次拉开。误拉隔离开关时，当主触头刚刚离开即发现电弧产生时应立即合回，查明原因。如隔离开关已经拉开，禁止再合上。

三、隔离开关维护

（1）端子箱、机构箱维护。箱体、箱内驱潮加热元件及回路、照明回路、电缆孔洞封堵维护周期及要求参照本书端子箱部分相关内容。

（2）红外检测。

1）检测周期：

a）35～110kV 每 6 个月不少于 1 次。

b）新安装的投运后 1 月内不少于 1 次，大修投运后 1 周内不少于 1 次。

c）迎峰度夏（冬）、大负荷、供电期间增加检测频次。

d）必要时。

2）检测范围：引线、线夹、触头、导电杆、绝缘子、二次回路。检测重点：线夹、触头、导电杆。

3）检测方法及缺陷定性参照 DL/T 664《带电设备红外诊断应用规范》。

模块四　隔离开关典型异常和故障处理

一、绝缘子断裂

（1）现象。

1）绝缘子断裂引起保护动作跳闸时：保护动作，相应断路器在分位。

2）绝缘子断裂引起小电流接地系统单相接地时：接地故障相母线电压降低，其他两相母线电压升高。

3）现场检查发现绝缘子断裂。

（2）处理原则。

1）绝缘子断裂引起保护动作跳闸。

a）检查监控系统断路器跳闸情况及光字、告警等信息。

b）结合保护装置动作情况，核对跳闸断路器的实际位置，确定故障区域，查找故障点。

2）绝缘子断裂引起小电流接地系统单相接地。

a）依据监控系统母线电压显示和试拉结果，确定接地故障相别及故障范围。

b）对故障范围内设备进行详细检查，查找故障点。查找时室内不准接近故障点 4m 以内，室外不准接近故障点 8m 以内，进入上述范围人员应穿绝缘靴，接触设备的外壳和构架时，应戴绝缘手套。

3）找出故障点后，对故障间隔及关联设备进行全面检查，重点检查故障绝缘子相邻设备有无受损，引线有无受力拉伤、损坏的现象。

4）汇报值班调控人员一、二次设备检查结果。

5）若相邻设备受损，无法继续安全运行时，应立即向值班调控人员申请停运。

6）对故障点进行隔离，按照值班调控人员指令将无故障设备恢复运行。

二、拒分、拒合

（1）现象。远方或就地操作隔离开关时，隔离开关不动作。

（2）处理原则。隔离开关拒分或拒合时不得强行操作，应核对操作设备、操作顺序是否正确，与之相关回路的断路器、隔离开关及接地开关的实际位置是否符合操作程序。

运维人员应从电气和机械两方面进行检查。

1）电气方面。

a）隔离开关遥控压板是否投入，测控装置有无异常、遥控命令是否发出，远方/就地切换把手位置是否正确。

b）检查接触器是否励磁。

c）若接触器励磁，应立即断开控制电源和电机电源，检查电机回路电源是否正常，接触器接点是否损坏或接触不良。

d）若接触器未励磁，应检查控制回路是否完好。

e）若接触器短时励磁无法自保持，应检查控制回路的自保持部分。

f）若空气开关跳闸或热继电器动作，应检查控制回路或电机回路有无短路接地，电气元件是否烧损，热继电器性能是否正常。

2）机械方面。

a）检查操动机构位置指示是否与隔离开关实际位置一致。

b）检查绝缘子、机械连锁、传动连杆、导电杆是否存在断裂、脱落、松动、变形等异常问题。

c）操动机构蜗轮、蜗杆是否断裂、卡滞。

3）若电气回路有问题，无法及时处理，应断开控制电源和电机电源，手动进行操作。

4）手动操作时，若卡滞、无法操作到位或观察到绝缘子晃动等异常现象时，应停止操作，汇报值班调控人员并联系检修人员处理。

三、合闸不到位

（1）现象。隔离开关合闸操作后，现场检查发现隔离开关合闸不到位。

（2）处理原则。应从电气和机械两方面进行初步检查：

1）电气方面。

a）检查接触器励磁、限位开关是否提前切换，机构是否动作到位。

b）若接触器励磁，应立即断开控制电源和电机电源，检查电机回路电源是否正常，接触器接点是否损坏或接触不良。

c）若接触器未励磁，应检查控制回路是否完好。

d）若空气开关跳闸或热继电器动作，应检查控制回路或电机回路有无短路接地，电气元件是否烧损，热继电器性能是否正常。

2）机械方面。

a）检查驱动拐臂、机械连锁装置是否已达到限位位置。

b）检查触头部位是否有异物（覆冰），绝缘子、机械连锁、传动连杆、导电杆是否存在断裂、脱落、松动、变形等异常问题。

3）若电气回路有问题，无法及时处理，应断开控制电源和电机电源，手动进行操作。

4）手动操作时，若卡滞、无法操作到位或观察到绝缘子晃动等异常现象时，应停止操作，汇报值班调控人员并联系检修人员处理。

四、导电回路异常发热

（1）现象。

1）红外测温时发现隔离开关导电回路异常发热。

2）冰雪天气时，隔离开关导电回路有冰雪立即融化现象。

（2）处理原则。

1）导电回路温差达到一般缺陷时，应对发热部位增加测温次数，进行缺陷跟踪。

2）发热部分最高温度或相对温差达到严重缺陷时应增加测温次数并加强监视，向值班调控人员申请倒换运行方式或转移负荷。

3）发热部分最高温度或相对温差达到危急缺陷且无法倒换运行方式或转移负荷时，应立即向值班调控人员申请停运。

五、绝缘子有破损或裂纹

（1）现象。隔离开关绝缘子有破损或裂纹。

（2）处理原则。

1）若绝缘子有破损，应联系检修人员到现场进行分析，加强监视，并增加红外测温次数。

2）若绝缘子严重破损且伴有放电声或严重电晕，立即向值班调控人员申请停运。

3）若绝缘子有裂纹，禁止操作该隔离开关，立即向值班调控人员申请停运。

六、隔离开关位置信号不正确

（1）现象。

1）监控系统、保护装置显示的隔离开关位置和隔离开关实际位置不一致。

2）保护装置发出相关告警信号。

（2）处理原则。

1）现场确认隔离开关实际位置。

2）检查隔离开关辅助开关切换是否到位、辅助接点是否接触良好。如现场无法处理，应立即汇报值班调控人员并联系检修人员处理。

3）对于双母线接线方式，应将母差保护相应隔离开关位置强制对位至正确位置。若隔离开关的位置影响到短引线保护的正确投入，应强制投入短引线保护。

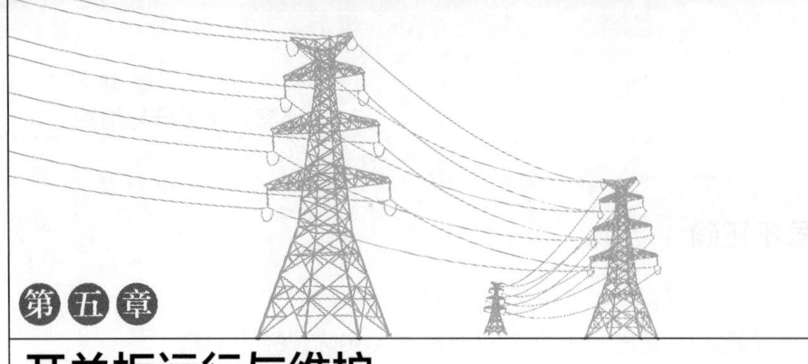

第五章

开关柜运行与维护

模块一　开关柜运行规定

一、开关柜运行规定

（1）高压开关柜前面板模拟显示图必须与其内部接线一致。

（2）高压开关柜可触及隔室、不可触及隔室、活门和机构等关键部位在出厂时应设置明显的安全警告、警示标识。

（3）对于高压开关柜存在误入带电区域可能的部位及后上柜门打开的母线室外壳，应粘贴醒目警示标志。

（4）高压开关柜内隔离金属活门应可靠接地，活门机构应选用可独立锁止的结构，可靠防止检修时人员失误打开活门。

（5）开关柜的柜间、母线室之间及与本柜其他功能隔室之间应采取有效的封堵隔离措施。

（6）高压开关柜内避雷器、电压互感器等柜内设备应经隔离开关（或隔离手车）与母线相连，严禁与母线直接连接。

（7）针对封闭式高压开关柜，变电运维人员必须在完成高压开关柜内所有可触及部位验电、接地后，方可进入柜内实施检修维护作业。

（8）对进出线电缆接头和避雷器引线接头等易疏忽部位，应作为验电重点全部验电，确保检修人员可触及部位全部停电。

（9）开关柜隔离开关触头拉合后的位置应便于观察各相的实际位置或机械指示位置；开关（小车开关在工作或试验位置）的分合指示、储能指示应便于观察并采用中文标示。

（10）开关柜内驱潮器应一直处于运行状态，以免开关柜内元件表面凝露，影响绝缘性能，导致沿面闪络。对运行环境恶劣的开关柜可喷涂防污闪涂料，提高绝缘件憎水性。

（11）停电时应对开关柜内引线、接头的绝缘护套进行检查、维护。

（12）在进行开关柜停电操作时，停电前应首先检查带电显示装置指示正常，证明其完好性。

（13）进入配电室对开关柜进行巡视前，应首先将装有 AVC 自动投切功能的电容器开关改为不能自动投切的状态，巡视完毕离开配电室后恢复至自动投切状态。

（14）高压开关柜一、二次电缆进线处应采取有效的封堵措施。

二、开关柜内断路器运行规定

（1）对用于投切电容器组等操作频繁的开关柜要适当缩短巡检和维护周期。当无功补偿装置容量增大时，应进行断路器容性电流开合能力校核试验。

（2）高压开关柜断路器在工作位置时，严禁就地进行分合闸操作。远方操作时，就地人员应远离设备。

（3）手车开关每次推入柜内后，应保证手车到位和隔离插头接触良好。

（4）高压开关柜内断路器手车拉出后，触头盒活门禁止开启，并在活门前设置“止步，高压危险！”标示牌，标示牌应采用绝缘材质，其大小应能同时遮挡上、下触头盒活门。

三、开关柜防误闭锁装置运行规定

（1）成套高压开关柜五防功能应齐全、性能良好，出线侧应装设具有自检功能的带电显示装置，并与线路侧接地隔离开关实行连锁；配电装置有倒送电源时，间隔网门应装有带电显示装置的强制闭锁。

（2）开关柜所装设的高压带电显示装置应符合 DL/T 538《高压带电显示装置》标准要求。

（3）重视高压开关柜所配防误操作装置的可靠性检查，应充分利用停电时间检查手车与接地隔离开关、隔离开关与接地隔离开关的机械闭锁装置。

（4）加强带电显示闭锁装置的运行维护，保证其与柜门间强制闭锁的运行可靠性。防误操作闭锁装置或带电显示装置失灵应作为严重缺陷尽快予以消除。

四、开关柜配电室运行规定

（1）应在开关柜配电室配置通风、除湿、防潮设备，防止凝露导致绝缘事故。

（2）对高寒地区，应选用满足低温运行的断路器和二次装置，否则应在开关柜配电室内配置有效的采暖或加热设施，防止凝露导致绝缘事故。

（3）运行环境较差的开关柜配电室应加强房间密封，在柜内加装加热驱潮装置并采取安装空调或工业除湿机等措施，空调的出风口不应直接对着开关柜柜体，避免制冷模式下造成柜体凝露导致绝缘事故。

（4）开关室长期运行温度不得超过 50℃，否则应采取加强通风降温措施（开启开关室通风设施）。

（5）高压开关柜配电室内相对湿度保持在 70%以下，除湿机应定期排水，防止发生柜内凝露现象，空调应切换至除湿模式。

（6）在 SF_6 开关柜配电室低位区应安装能报警的氧量仪和 SF_6 气体泄漏报警仪，在工作人员入口处也要装设显示器。仪器应定期检验，保证完好。

（7）工作人员进入 SF_6 开关柜配电室，入口处若无 SF_6 气体含量显示器，应先通风 15min，并用检漏仪测量 SF_6 气体含量合格。尽量避免一人进入 SF_6 开关柜配电室进行巡视，不准一人进入从事检修工作。

（8）SF_6 开关柜配电室的排风机电源开关应设置在门外，通风装置因故停止运行时，禁止进行电焊、气焊、刷漆等工作，禁止使用煤油、酒精等易燃易爆物品。

（9）开关柜配电室门应设置防小动物挡板，并在室内放置一定数量的捕鼠器械或鼠药。

（10）每年雨季到来前，应进行配电室防漏（渗）雨的检查维护。

五、紧急申请停运规定

（1）开关柜内有明显的放电声并伴有放电火花，烧焦气味等。

（2）柜内元件表面严重积污、凝露或进水受潮，可能引起接地或短路时。

（3）柜内元件外绝缘严重裂纹，外壳严重破损、本体断裂或严重漏油已看不到油位。

（4）接头严重过热或有打火现象。

（5）SF_6 断路器严重漏气、真空断路器灭弧室故障。

（6）手车无法操作或保持在要求位置。

（7）充气式开关柜严重漏气。

模块二　开关柜巡视

一、例行巡视

（1）开关柜运行编号标识正确、清晰。

（2）开关柜上断路器或手车位置指示灯、断路器储能指示灯、带电显示器指示灯指示正常。

（3）开关柜内断路器操作方式选择开关正常在“远方”位置。

（4）机械分、合闸位置指示与实际运行方式相符。

（5）开关柜内应无放电声、异味和不均匀的机械噪声。

（6）开关柜压力释放装置无异常，释放出口无障碍物。

（7）柜体无变形、下沉现象，各封闭板螺栓应齐全，无松动、锈蚀。

（8）开关柜闭锁盒、“五防”锁具闭锁良好，锁具标号正确、清晰。

（9）SF_6 充气式开关柜气压正常。

（10）开关柜内 SF_6 断路器气压正常。

（11）开关柜内断路器储能指示正常。

（12）开关柜内照明正常，非巡视时间照明灯应关闭。

（13）开关柜配电室内温度不超过 50℃，湿度保持在 70%以下，除湿机或空调运行正常，空调运行在除湿模式。

二、全面巡视

全面巡视在例行巡视的基础上增加以下项目：

（1）开关柜出厂铭牌齐全、清晰可识别，相序标识清晰可识别。

（2）开关柜面板上应有间隔单元的一次电气接线图，并与柜内实际一次接线一致。

（3）开关柜接地应牢固，封闭性能及防小动物设施应完好。

（4）开关柜控制仪表室巡视检查项目及要求：

1）表计、继电器工作正常，无异声、异味。

2）不带有温湿度控制器的驱潮装置小开关正常在合闸位置，驱潮装置附近温度应稍高于其他部位。

3）带有温湿度控制器的驱潮装置，温湿度控制器电源灯亮，根据温湿度控制器设定启动温度和湿度，检查加热器是否正常运行。

4）控制电源、加热电源、电压小开关正常在合闸位置。

5）环路电源小开关除在分段点处断开外，其他柜均在合闸位置。

6）二次接线连接牢固，无断线、破损、变色现象。

7）二次接线穿柜部位封堵良好。

（5）有条件时，通过观察窗检查以下项目：

1）开关柜内部无异物。

2）支持绝缘子表面清洁、无裂纹、破损及放电痕迹。

3）引线接触良好，无松动、锈蚀、断裂现象。

4）绝缘护套表面完整，无变形、脱落、烧损。

5）油断路器、油浸式电压互感器等充油设备，油位在正常范围内，油色透明无炭黑等悬浮物，无渗、漏油现象。

6）试温蜡片变色情况。

7）隔离开关动、静触头接触良好；触头、触片无损伤、变色；压紧弹簧无锈蚀、断裂、变形。

8）断路器、隔离开关的传动连杆、拐臂无变形，连接无松动、锈蚀，开口销齐全；轴销无变位、脱落、锈蚀。

9）断路器、电压互感器、电流互感器、避雷器等设备外绝缘表面无脏污、受潮、裂纹、放电、粉蚀现象。

10）避雷器泄漏电流表电流值在正常范围内。

11）手车动、静触头接触良好，闭锁可靠。

12）开关柜内部二次线固定牢固、无脱落，无接头松脱、过热，引线断裂，外绝缘破损等现象。

13）柜内设备标识齐全、无脱落。

14）一次电缆进入柜内处封堵良好。

（6）检查遗留缺陷有无发展变化。

（7）根据开关柜的结构特点，在变电站现场运行专用规程中补充检查的其他项目。

三、熄灯巡视

熄灯巡视时应通过外观检查或者通过观察窗检查开关柜引线、接头无放电、发红迹象，检查瓷套管无闪络、放电。

四、特殊巡视

（1）新设备或大修投入运行后巡视。重点检查有无异声，触头是否有发热、发红、打火等现象。

（2）雨、雪天气特殊巡视。

1）检查开关柜配电室有无漏雨、开关柜内有无进水情况。

2）检查设备外绝缘有无凝露、放电、爬电、电晕等异常现象。

（3）高温大负荷期间巡视。

1）检查试温蜡片变色情况。

2）用红外热像仪检查开关柜有无发热情况。

3）通过观察窗检查柜内接头、电缆终端有无过热，绝缘护套有无变形。

4）开关柜配电室的温度较高时应开启开关柜配电室所有的通风、降温设备，若此时温度还不断升高应减小负荷。

5）检查开关柜配电室湿度是否过大，否则应开启全部通风、除湿设备进行除湿，并加强监视。

（4）故障跳闸后的巡视。

1）检查开关柜内断路器控制、保护装置动作和信号情况。

2）检查事故范围内的设备情况，开关柜外壳、内部各部件有无断裂、变形、烧损等异常。

模块三　开关柜操作与维护

一、操作

（1）手车分为工作位置、试验位置和检修位置三种位置，禁止手车停留在以上三种位置以外的其他过渡位置。

（2）手车在工作位置、试验位置，机械连锁均应可靠锁定手车。

（3）手车推入、拉出操作前，应将车体位置摆正，认真检查机械连锁位置正确方可进行操作；禁止强行操作。

（4）手车推入开关柜内前，应检查断路器确已断开、动触头外观完好、设备本身及柜内清洁无积灰、无试验接线、无工具物料等。

（5）手车在试验位置时，应检查二次空气开关、插头是否投入，指示灯等是否正常。

（6）手车推入工作位置前，应检查保护压板、保护定值区是否按照调控命令方式投入，保护装置无异常。

（7）拉合手车之前应检查断路器在分闸位置。

（8）手车开关拉出后，隔离带电部位的挡板封闭后禁止开启，并设置“止步，高压危险！”的标示牌。

（9）在确认配电线路无电且带电显示装置显示无电的情况下，才能合上线路侧接地隔离开关，该开关柜电缆仓门才能打开。

（10）全封闭式开关柜操作前后，无法直接观察设备位置的，应通过间接方法判断设备位置。

（11）全封闭式开关柜无法进行直接验电的部分，可以进行间接验电。

二、维护

（1）高压带电显示装置维护。

1）发现高压带电显示装置显示异常，并且自检异常，应进行检查维护。

2）测量显示单元输入电压，如输入电压正常，为显示单元故障；如输入电压不正常，则为感应器故障，应联系检修人员处理。

3）高压带电显示装置更换显示单元或显示灯前，应断开装置电源，并检测确无工作电压。

4）接触高压带电显示装置显示单元前，应检查感应器及二次回路正常，无接近、触碰高压设备或引线的情况。

5）如需拆、接二次线，应逐个记录拆卸二次线编号、位置，并做好拆解二次线的绝缘。

6）高压带电显示装置维护后，应检查装置运行正常，显示正确。

（2）开关柜红外测温。

1）开关柜红外检测周期。

a）10～35kV 开关柜［35～110（66）kV 变电站］每 6 个月不少于 1 次。

b）110kV 及以下变电站，迎峰度夏前和迎峰度夏中各开展 1 次精确测温。

c）新安装及检修重新投运后 1 周内。

d）迎峰度夏（冬）、大负荷、检修结束送电、保电期间和必要时增加检测频次。

2）检测范围包含开关柜母线裸露部位、开关柜柜体、开关柜控制仪表室端子排、空气开关。

3）重点检测开关柜柜体及进、出线电气连接处。

4）检测方法应按照 DL/T 664《带电设备红外诊断应用规范》执行。

5）红外热像图显示应无异常温升、温差和（或）相对差，注意与同等运行条件下相同开关柜进行比较。当柜体表面温度与环境温度温差大于 20K 或与其他他柜体相比较有明显差别时（应结合开关柜运行环境、运行时间、柜内加热器运行情况等进行综合判断），应停电由检修人员检查柜内是否有过热部位。

6）测量时记录环境温度、负荷及其近 3h 内的变化情况，以便分析参考。

（3）开关柜地电波检测。

1）开关柜暂态地电压检测周期。

a）暂态地电压检测至少 1 年 1 次。

b）新投运和解体检修后的设备，应在投运后 1 个月内进行 1 次运行电压下的检测，记录开关柜每一面的测试数据作为初始数据，为以后的测试作参考。

c）对存在异常的开关柜设备，在该异常不能完全判定时，可根据开关柜设备的运行工况缩短检测周期。

2）应在设备投入运行 30min 后，方可进行带电测试。

3）检测前应检查开关柜设备上无其他作业，开关柜金属外壳应清洁并可靠接地。

4）检测中应尽量避免干扰源（如气体放电灯、排风系统电机）等带来的影响；应避免信号线、电源线缠绕一起，必要时可关闭开关室内照明灯及通风设备。

5）雷电时禁止进行检测。

6）测试现场出现明显异常情况时（如异声、电压波动、系统接地等），应立即停止测试工作并撤离现场。

7）若开关柜检测结果与环境背景值、历史数据或邻近开关柜检测结果的差值大于 20dBmV，应查明原因。

模块四　开关柜典型故障和异常处理

一、开关柜绝缘击穿

（1）现象。

1）单相绝缘击穿，监控系统发出接地报警信号，接地相电压降低（最低降低到零），非接地相电压升高（最高升高到线电压），线电压不变。运行开关柜内部可能有放电异响。

2）两相以上绝缘击穿，监控系统发出相应保护动作信号，相应保护装置发出跳闸信号，给故障设备供电的断路器跳闸。

（2）处理。

1）检查、处理开关柜单相绝缘击穿故障时，应穿绝缘靴，触开关柜外壳时应戴绝缘手套。

2）单相绝缘击穿的开关柜不得用隔离开关隔离，应采用断路器断开电源，然后再隔离故障点。

3）两相以上绝缘击穿的开关柜，应检查保护动作、开关跳闸情况，隔离故障点后优先恢复正常设备供电。

4）绝缘击穿故障点隔离并做好安全措施后，应检查开关柜外壳、内部其他元件有无变形、破损等异常现象。

5）隔离故障点后，应及时联系检修人员处理，并汇报值班调控人员。

二、开关柜着火

（1）现象。

1）开关柜配电室火灾报警装置报警。

2）开关室内有火光、烟雾。

3）如火灾已引起设备跳闸，相应保护装置动作，故障设备供电的断路器跳闸。

（2）处理。

1）检查并断开起火设备电源。

2）开启开关柜配电室通风装置，排出室内的烟雾。

3）如开关柜火未完全熄灭，检查故障开关柜已断开电源后，用灭火器灭火，必要时报火警。

4）检查保护动作及断路器跳闸情况。

5）断开故障间隔的交直流电源开关。

6）隔离故障设备，做好必要的安全措施后，检查开关柜及内部设备损坏情况。

7）将保护跳闸和设备损坏情况汇报值班调控人员，并联系检修人员处理。

三、开关柜声响异常

（1）现象。

1）放电产生的噼啪声、吱吱声。

2）机械振动产生的嗡嗡声或异常敲击声。

3）其他与正常运行声音不同的噪声。

（2）处理。

1）在保证安全的情况下，检查确认异常声响设备及部位，判断声音性质。

2）对于放电造成的异常声响，应汇报值班调控人员，申请退出运行，联系检修人员处理。

3）对于机械振动造成的异常声响，应汇报值班调控人员，并联系检修人员处理。

4）无法直接查明异常声响的部位、原因时，可结合开关柜运行负荷、温度及附近有无异常声源进行分析判断，并可采用红外测温、地电压检测等带电检测技术进行辅助判断。

5）无法判断异常声响部位、设备及原因时，应联系检修人员处理。

四、开关柜过热

（1）现象。

1）红外测温发现开关柜柜体表面温度与环境温度温差大于 20K；或与其他柜体相比较温度有明显差别，结合运行环境、运行时间、柜内加热器运行情况等综合判断为开关柜内部有过热时。

2）试温蜡片变色或融化。

3）通过观察窗发现内部设备有过热变色、绝缘护套过热变形等异常现象。

（2）处理。

1）检查过热间隔开关柜是否过负荷运行。

2）红外测温发现开关柜过热时，应进一步通过观察窗检查柜内设备有无过热变色、试温蜡片变色或绝缘护套过热变形等异常现象。

3）对于因负荷过大引起的过热，应汇报值班调控人员，申请降低或转移负荷，并加强巡视检查。

4）对于触头或接头接触不良引起的过热，应汇报值班调控人员，申请降低负荷或将设备停运，并联系检修人员处理。

五、手车式开关柜位置指示异常

（1）现象。手车位置指示灯不亮或与实际不符。

（2）处理。

1）检查手车操作是否到位。

2）检查二次插头是否插好、有无接触不良。

3）检查相关指示灯的工作电源是否正常，如电源开关跳闸，试合电源开关。

4）检查指示灯是否损坏，如损坏进行更换。

5）无法自行处理或查明原因时，应联系检修人员处理。

六、开关柜线路侧接地隔离开关无法分、合闸

（1）现象。线路侧接地隔离开关操作卡涩或隔离开关操作挡板无法打开。

（2）处理。

1）检查手车断路器位置是否处于“试验”或“检修”位置。

2）检查隔离开关机械闭锁装置是否解除。

a）检查隔离开关柜运行方式把手是否处于“操作”位置。

b）检查电缆室门是否关闭良好。

3）检查带电显示装置有无异常。

4）检查电气闭锁装置是否正常。

5）无法自行处理或查明原因时，应联系检修人员处理。

七、开关柜电缆室门不能打开

（1）现象。电缆室门在解除“五防”闭锁和固定螺栓后，无法打开。

（2）处理。

1）检查接地隔离开关是否处于分闸位置，如在分闸位置应检查操作步骤无误后，合上接地隔离开关。

2）检查带电显示装置有无异常。

3）检查电气或机械闭锁装置是否正常。

4）无法自行处理或查明原因时，应联系检修人员处理。

八、开关柜手车推入或拉出操作卡涩

（1）现象。操作中手车不能推入或拉出。

（2）处理。

1）检查操作步骤是否正确。

2）检查手车是否歪斜。

3）检查操作轨道有无变形、异物。

4）检查电气闭锁或机械闭锁有无异常。

5）无法自行处理或查明原因时，应联系检修人员处理。

九、开关柜手车断路器不能分、合闸

（1）现象。手车断路器处于“试验”或“工作”位置时，不能进行正常分、合闸操作。

（2）处理。

1）检查手车断路器分、合闸指示灯是否正常，保护装置是否有控制回路断线告警。

2）检查手车断路器储能是否正常。

3）检查手车断路器控制方式把手位置是否正确。

4）检查手车操作是否到位。

5）检查手车二次插头是否插好、有无接触不良。

6）检查操作步骤是否正确，电气闭锁是否正常。

7）无法自行处理或查明原因时，应联系检修人员处理。

十、充气式开关柜气压异常

（1）现象。充气式开关柜发出低气压报警或气压表显示气压低于正常压力。

（2）处理。

1）发现充气式开关柜发生 SF_6 气体大量泄漏等紧急情况时，人员应迅速撤出现场，开启所有排风机进行排风。未佩戴防毒面具或正压式空气呼吸器人员禁止入内。

2）进入充气式开关柜配电室前，应检查 SF_6 气体含量显示器指示 SF_6 气体含量合格，入口处若无 SF_6 气体含量显示器，应先通风 15min，并用检漏仪测量 SF_6 气体含量合格。

3）检查充气式开关柜压力表指示，确认是否误发信号。

4）充气式开关柜严重漏气引起气压过低时，应立即汇报值班调控人员，申请将故障间隔停运处理。

5）充气式开关柜确因气压降低发出报警时，禁止进行操作。

6）充气式开关柜气压力降低或者压力表误发信号，应汇报值班调控人员，并联系检修人员处理。

电流互感器运行与维护

模块一　电流互感器运行规定

一、运行规定

（1）电流互感器二次绕组所接负荷应在准确等级所规定的负荷范围内。

（2）电流互感器允许在设备最高电压下和额定连续热电流下长期运行。

（3）电流互感器二次侧严禁开路，备用的二次绕组应短接接地。

（4）电流互感器在投运前及运行中应注意检查各部位接地是否牢固可靠，末屏应可靠接地，严防出现内部悬空的假接地现象。

（5）应及时处理或更换已确认存在严重缺陷的电流互感器。对怀疑存在缺陷的电流互感器，应缩短试验周期进行跟踪检查和分析查明原因。

（6）停运中的电流互感器投入运行后，应立即检查表计指示情况和电流互感器本体有无异常现象。

（7）新装或检修后，应将电流互感器三相的油位调整一致，运行中的电流互感器应保持微正压。

（8）具有吸湿器的电流互感器，运行中其吸湿剂应干燥，油封油位应正常。

（9）事故抢修安装的油浸式互感器，应保证静放时间。

（10）SF_6 电流互感器投运前，应检查无漏气，气体压力指示与制造厂规定相符，三相气压应调整一致。

（11）SF_6 电流互感器压力表偏出正常压力区时，应及时上报并查明原因，进行补气处理。

（12）SF_6 电流互感器密度继电器应便于运维人员观察，防雨罩应安装牢固，能将表计、控制电缆接线端子遮盖。

（13）交接时 SF_6 气体含水量应小于 250μL/L。运行中不应超过 500μL/L（换算至 20℃），若超标时应进行处理。

（14）设备故障跳闸后，应联系检修人员进行 SF_6 气体分解产物检测，以确定内部有无放电，避免带故障强送再次放电。

二、紧急申请停运的规定

发现有下列情况时，应立即汇报值班调控人员申请将电流互感器停运：

（1）外绝缘严重裂纹、破损，严重放电。
（2）严重异声、异味、冒烟或着火。
（3）严重漏油、看不到油位。
（4）严重漏气、气体压力表指示为零。
（5）本体或引线接头严重过热。
（6）金属膨胀器异常膨胀变形。
（7）压力释放装置（防爆片）已冲破。
（8）树脂浇注互感器出现表面严重裂纹、放电。

模块二　电流互感器巡视

一、例行巡视

（1）各连接引线及接头无发热、变色迹象，引线无断股、散股。
（2）外绝缘表面完整，无裂纹、放电痕迹、老化迹象。
（3）金属部位无锈蚀，底座、支架、基础无倾斜变形。
（4）无异常振动、异常声响及异味。
（5）底座接地可靠，无锈蚀、脱焊现象，整体无倾斜。
（6）二次接线盒关闭紧密，电缆进出口密封良好。
（7）接地标识、出厂铭牌、设备标识牌、相序标识齐全、清晰。
（8）油浸电流互感器油位指示正常，各部位无渗漏油现象；吸湿器硅胶变色在规定范围内；金属膨胀器无变形，膨胀位置指示正常。
（9）SF_6 电流互感器压力表指示在规定范围，无漏气现象，密度继电器正常，防爆膜无破裂。
（10）干式电流互感器外绝缘表面无粉蚀、开裂，无放电现象，外露铁心无锈蚀。
（11）原存在的设备缺陷是否有发展趋势。

二、全面巡视

全面巡视在例行巡视的基础上，增加以下项目：
（1）端子箱内各空气开关投退正确，二次接线名称齐全，引接线端子无松动、过热、打火现象，接地牢固可靠。
（2）端子箱内孔洞封堵严密，照明完好；电缆标牌齐全、完整。
（3）端子箱门开启灵活、关闭严密，无变形锈蚀，接地牢固，标识清晰。
（4）端子箱内部清洁，无异常气味、无受潮凝露现象；驱潮加热装置运行正常，加热器按季节和要求正确投退。

（5）记录并核查 SF_6 气体压力值，应无明显变化。

三、熄灯巡视

（1）引线、接头无放电、发红、严重电晕迹象。

（2）外绝缘无闪络、放电。

四、特殊巡视

（1）大负荷运行期间。

1）检查接头无发热，本体无异常声响、异味。必要时用红外热像仪检查电流互感器本体、引线接头的发热情况。

2）检查 SF_6 气体压力指示及油位指示正常。

（2）异常天气时。

1）气温骤变时，检查一次引线接头无异常受力，引线接头部位无发热现象；各密封部位无漏气、渗漏油现象，SF_6 气体压力指示及油位指示正常；端子箱内无受潮凝露。

2）大风、雷雨、冰雹天气过后，检查导引线无断股迹象，设备上无飘落积存杂物，外绝缘无闪络放电痕迹及破裂现象。

3）雾霾、大雾、毛毛雨天气时，检查无沿表面闪络和放电，重点监视污秽瓷质部分，必要时夜间熄灯检查。

4）高温天气时，检查油位指示正常，SF_6 气体压力正常。

5）覆冰天气时，检查外绝缘覆冰情况及冰凌桥接程度，不出现伞裙放电现象。

五、故障跳闸后的巡视

故障范围内的电流互感器重点检查油位、气体压力是否正常，有无喷油、漏气，导线有无烧伤、断股，绝缘子有无闪络、破损等现象。

模块三　电流互感器维护

一、红外检测周期

35～110kV 电流互感器每 6 个月不少于 1 次检测。新安装及大修重新投运后 1 周内测温 1 次；迎峰度夏（冬）、大负荷、检修结束送电、保供电期间及必要时增加检测频次。

二、红外检测范围

检测范围为本体、引线、接头、二次回路。

模块四　电流互感器典型故障及异常处理

一、本体渗漏油

（1）现象。

1）本体外部有油污痕迹或油珠滴落现象。

2）器身下部地面有油渍。

3）油位下降。

（2）处理原则。

1）检查本体外绝缘、油嘴阀门、法兰、金属膨胀器、引线接头等处有无渗漏油现象，确定渗漏油部位。

2）根据渗漏油及油位情况，判断缺陷的严重程度。

3）渗油及漏油速度每滴不快于5s，且油位正常的，应加强监视，按缺陷处理流程上报。

4）漏油速度虽每滴不快于5s，但油位低于下限的，应立即汇报值班调控人员申请停运处理。

5）漏油速度每滴快于5s，应立即汇报值班调控人员申请停运处理。

6）倒立式互感器出现渗漏油时，应立即汇报值班调控人员申请停运处理。

二、SF_6气体压力降低报警

（1）现象。

1）监控系统发出SF_6气体压力低的告警信息。

2）密度继电器气体压力指示低于报警值。

（2）处理原则。

1）检查表计外观是否完好，指针是否正常，记录气体压力值。

2）检查表计压力是否降低至报警值，若为误报警，应查找原因，必要时联系检修人员处理。

3）若确系气体压力异常，应检查各密封部件有无明显漏气现象并联系检修人员处理。

4）气体压力恢复前应加强监视，因漏气较严重一时无法进行补气或SF_6气体压力为零时，应立即汇报值班调控人员申请停运处理。

三、本体及引线接头发热

（1）现象。

1）引线接头处有变色发热迹象。

2）红外检测本体及引线接头温度和温升超出规定值。

（2）处理原则。

1）发现本体或引线接头有过热迹象时，应使用红外热像仪进行检测，确认发热部位和程度。

2）对电流互感器进行全面检查，检查有无其他异常情况，查看负荷情况，判断发热原因。

3）本体热点温度超过 55℃，引线接头温度超过 90℃， 应加强监视，按缺陷处理流程上报。

4）本体热点温度超过 80℃，引线接头温度超过 130℃， 应立即汇报值班调控人员申请停运处理。

5）油浸式电流互感器瓷套等整体温升增大且上部温度偏高，温差大于 2K 时，可判断为内部绝缘降低，应立即汇报值班调控人员申请停运处理。

四、异常声响

（1）现象。电流互感器声响与正常运行时对比有明显增大且伴有各种噪声。

（2）处理原则。

1）内部伴有较大嗡嗡噪声时，检查二次回路有无开路现象。若因二次回路开路造成，可按照本通则 5.7 条处理。

2）声响比平常增大且均匀时，检查是否为过电压、过负荷、铁磁共振、谐波作用引起，汇报值班调控人员并联系检修人员进一步检查。

3）内部伴有噼啪放电声响时，可判断为本体内部故障，应立即汇报值班调控人员申请停运处理。

4）外部伴有噼啪放电声响时，应检查外绝缘表面是否有局部放电或电晕，若因外绝缘损坏造成放电，应立即汇报值班调控人员申请停运处理。

5）若异常声响较轻，不需立即停电检修的，应加强监视，按缺陷处理流程上报。

五、末屏接地不良

（1）现象。

1）末屏接地处有放电声响及发热迹象。

2）夜间熄灯可见放电火花、电晕。

（2）处理原则。

1）检查电流互感器有无其他异常现象，红外检测有无发热情况。

2）立即汇报值班调控人员申请停运处理。

六、外绝缘放电

（1）现象。

1）外部有放电声响。

2）夜间熄灯可见放电火花、电晕。

（2）处理原则。

1）发现外绝缘放电时，应检查外绝缘表面，有无破损、裂纹、严重污秽情况。

2）外绝缘表面损坏的，应立即汇报值班调控人员申请停运处理。

3）外绝缘未见明显损坏，放电未超过第二伞裙的，应加强监视，按缺陷处理流程上报；超过第二伞裙的，应立即汇报值班调控人员申请停运处理。

七、二次回路开路

（1）现象。

1）监控系统发出告警信息，相关电流、功率指示降低或为零。

2）相关继电保护装置发出“TA 断线”告警信息。

3）本体发出较大噪声，开路处有放电现象。

4）相关电流表、功率表指示为零或偏低，电能表不转或转速缓慢。

（2）处理原则。

1）检查当地监控系统告警信息，相关电流、功率指示。

2）检查相关电流表、功率表、电能表指示有无异常。

3）检查本体有无异常声响、有无异常振动。

4）检查二次回路有无放电打火、开路现象，查找开路点。

5）检查相关继电保护及自动装置有无异常，必要时申请停用有关电流保护及自动装置。

6）如不能消除，应立即汇报值班调控人员申请停运处理。

八、冒烟着火

（1）现象。

1）监控系统相关继电保护动作信号发出，断路器跳闸信号发出，相关电流、电压、功率无指示。

2）变电站现场相关继电保护装置动作，相关断路器跳闸。

3）设备本体冒烟着火。

（2）处理原则。

1）检查当地监控系统告警及动作信息，相关电流、电压数据。

2）检查记录继电保护及自动装置动作信息，核对设备动作情况，查找故障点。

3）发现电流互感器冒烟着火，应立即确认各来电侧断路器是否断开，未断开的立即断开。

4）在确认各侧电源已断开且保证人身安全的前提下，用灭火器材灭火。

5）应立即向上级主管部门汇报，及时报警。

6）应及时将现场检查情况汇报值班调控人员及有关部门。

7）根据值班调控人员指令进行故障设备的隔离操作和负荷的转移操作。

第七章

电压互感器运行与维护

模块一　电压互感器运行规定

一、运行规定

（1）新投入或大修后（含二次回路更动）的电压互感器必须核相。

（2）电压互感器二次绕组所接负荷应在准确等级所规定的负荷范围内。

（3）电压互感器二次侧严禁短路。

（4）应及时处理或更换已确认存在严重缺陷的电压互感器。对怀疑存在缺陷的电压互感器，应缩短试验周期进行跟踪检查和分析查明原因。

（5）停运中的电压互感器投入运行后，应立即检查表计指示情况和本体有无异常现象。

（6）新装或检修后，应将互感器三相的油位调整一致，运行中的互感器应保持微正压。

（7）保护电压互感器的高压熔断器，应按母线额定电压及短路容量选择，如熔断器断流容量不能满足要求时应加装限流电阻。

（8）中性点非有效接地系统中，作单相接地监视用的电压互感器，一次中性点应接地。为防止谐振过电压，应在一次中性点或二次回路装设消谐装置。

（9）双母线接线方式下，一组母线电压互感器退出运行时，应加强运行电压互感器的巡视和红外测温。

（10）电磁式电压互感器一次绕组 N（X）端必须可靠接地。电容式电压互感器的电容分压器低压端子必须通过载波回路线圈接地或直接接地。

（11）电压互感器（含电磁式和电容式电压互感器）允许在 1.2 倍额定电压下连续运行。中性点有效接地系统中的互感器，允许在 1.5 倍额定电压下运行 30s。中性点非有效接地系统中的电压互感器，在系统无自动切除对地故障保护时，允许在 1.9 倍额定电压下运行 8h；在系统有自动切除对地故障保护时，允许在 1.9 倍额定电压下运行 30s。

（12）事故抢修安装的油浸式互感器，应保证静放时间。

（13）具有吸湿器的电压互感器，运行中其吸湿剂应干燥，油封油位应正常。

（14）SF_6 电压互感器投运前，应检查互感器无漏气，压力指示与制造厂规定相符，三相气压应调整一致。

（15）SF_6 电压互感器压力表偏出正常压力区时，应及时上报并查明原因，进行补气处理。

（16）SF_6 电压互感器密度继电器应便于运维人员观察，防雨罩应安装牢固，能将表、控制电缆接线端子遮盖。

（17）交接时 SF_6 气体含水量应小于 250μL/L，运行中不应超过 500μL/L（换算至 20℃），若超标时应进行处理。

二、紧急申请停运的规定

发现有下列情况之一，应立即汇报值班调控人员申请将电压互感器停运：

（1）高压熔断器连续熔断 2 次。

（2）外绝缘严重裂纹、破损，互感器有严重放电，已威胁安全运行时。

（3）内部有严重异声、异味、冒烟或着火。

（4）油浸式互感器严重漏油，看不到油位。

（5）SF_6 互感器严重漏气、压力表指示为零。

（6）电容式电压互感器电容分压器出现漏油。

（7）互感器本体或引线端子有严重过热。

（8）膨胀器永久性变形或漏油。

（9）压力释放装置（防爆片）已冲破。

（10）电压互感器接地端子 N（X）开路、二次短路，不能消除。

（11）树脂浇注互感器出现表面严重裂纹、放电。

模块二　电压互感器巡视

一、例行巡视

（1）外绝缘表面完整，无裂纹、放电痕迹、老化迹象。

（2）各连接引线及接头无发热、变色迹象，引线无断股、散股。

（3）金属部位无锈蚀；底座、支架、基础牢固，无倾斜变形。

（4）无异常振动、异常声响及异味。

（5）二次接线盒关闭紧密，电缆进出口密封良好；端子箱门关闭良好。

（6）均压环完整、牢固，无异常可见电晕。

（7）油浸电压互感器油色、油位指示正常，各部位无渗漏油现象；吸湿器硅胶变色在规定范围内；金属膨胀器膨胀位置指示正常。

（8）SF_6 互感器压力表指示在规定范围内，无漏气现象，密度继电器正常，防爆膜无破裂。

（9）电容式电压互感器的电容分压器及电磁单元无渗漏油。

（10）干式电压互感器外绝缘表面无粉蚀、开裂、凝露、放电现象，外露铁心无锈蚀。

（11）接地标识、设备铭牌、设备标识牌、相序标注齐全、清晰。

（12）原存在的设备缺陷是否有发展趋势。

二、全面巡视

全面巡视在例行巡视的基础上，增加以下项目：

（1）端子箱内各空气开关投退正确，二次接线名称齐全，引接线端子无松动、过热、打火现象，接地牢固可靠。

（2）端子箱内孔洞封堵严密，照明完好，电缆标牌齐全完整。

（3）端子箱门开启灵活、关闭严密，无变形、锈蚀，接地牢固，标识清晰。

（4）端子箱内内部清洁，无异常气味、无受潮凝露现象；驱潮加热装置运行正常，加热器按要求正确投退。

（5）检查 SF_6密度继电器压力正常，记录 SF_6气体压力值。

三、熄灯巡视

（1）引线、接头无放电、发红、严重电晕迹象。

（2）外绝缘套管无闪络、放电。

四、特殊巡视

（1）异常天气时。

1）气温骤变时，检查引线无异常受力，是否存在断股，接头部位无发热现象；各密封部位无漏气、渗漏油现象，SF_6压力表指示及油位指示正常；端子箱无凝露现象。

2）大风、雷雨、冰雹天气过后，检查导引线无断股、散股迹象，设备上无飘落积存杂物，外绝缘无闪络放电痕迹及破裂现象。

3）雾霾、大雾、毛毛雨天气时，检查外绝缘无沿表面闪络和放电，重点监视污秽瓷质部分，必要时夜间熄灯检查。

4）高温天气时：检查油位指示正常，SF_6压力应正常。

5）覆冰天气时，检查外绝缘覆冰情况及冰凌桥接程度，不出现伞裙放电现象。

6）大雪天气时，应根据接头部位积雪融化迹象检查是否发热，及时清除导引线上的积雪和形成的冰柱。

（2）故障跳闸后的巡视。故障范围内的电压互感器重点检查导线有无烧伤、断股，油位、油色、气体压力等是否正常，有无喷油、漏气异常情况等，绝缘子有无污闪、破损现象。

模块二　电压互感器操作与维护

一、电压互感操作要求

（1）电压互感器退出时，应先断开二次空气开关（或取下二次保险），后拉开高压侧隔离开关；投入时顺序相反。

（2）电压互感器停用前，应注意下列事项：

1）按继电保护和自动装置有关规定要求变更运行方式，防止继电保护误动。

2）将二次回路主熔断器或自动开关断开，防止电压反送。

（3）严禁就地用隔离开关或高压熔断器拉开有故障（油位异常升高、喷油、冒烟、内部放电等）的电压互感器。

（4）66kV 及以下中性点非有效接地系统发生单相接地或产生谐振时，严禁就地用隔离开关或高压熔断器拉、合电压互感器。

（5）为防止串联谐振过电压烧损电压互感器，倒闸操作时，不宜使用带断口电容器的断路器投切带电磁式电压互感器的空母线。

（6）电压互感器停电时，应注意对继电保护、自动装置的影响，采取相应的措施，防止误动、拒动。

（7）高压侧装有熔断器的电压互感器，其高压熔断器应在停电并采取安全措施后才能取下、装上。在有隔离开关的和熔断器的低压回路，停电时应先拉开隔离开关，后取下熔断器，送电时相反。

（8）分别接在两段母线上的电压互感器，二次并列前，应先将一次侧经母联断路器（开关）并列运行。

（9）电压互感器故障时，严禁两台电压互感器二次并列。

二、电压互感器维护要求

（1）高压熔断器更换。

1）运行中电压互感器高压熔断器熔断时，应立即进行更换。

2）高压熔断器的更换应在电压互感器停电并做好安全措施后方可进行，并注意二次交流电压消失对继电保护、自动装置的影响，采取相应的措施，防止误动、拒动。

3）更换前，应核对高压熔断器型号、技术参数与被更换的一致，并验证其良好。

4）更换前，应检查电压互感器无异常。

5）带撞击器的高压熔断器更换时，应注意其安装方向正确。

6）更换完毕送电后，应立即检查相应电压情况。

7）高压熔断器连续熔断 2 次，汇报值班调控人员，申请停运，由检修人员对电压互感器检查试验合格后，再对高压熔断器进行更换。

（2）二次熔断器、空气开关更换。

1）运行中电压互感器二次回路熔断器熔断、空气开关损坏时，应立即进行更换，并注意二次交流电压消失对继电保护、自动装置的影响，采取相应的措施，防止误动、拒动。

2）更换前应做好安全措施，防止交流二次回路短路或接地。

3）更换时，应采用型号、技术参数一致的备品。

4）更换后，应立即检查相应的电压指示，确认电压互感器二次回路是否恢复正常，存在异常，按照缺陷流程处理。

（3）红外检测。

1）35～110kV 每 6 个月不少于 1 次。新安装及重新投运后的 1 周时间内测温 1 次；

迎峰度夏（冬）、大负荷、检修结束送电、保供电期间及必要时增加检测频次。

2）重点检测本体。

模块四　电压互感器典型故障及异常处理

一、本体渗漏油

（1）现象。

1）本体外部有油污痕迹或油珠滴落现象。

2）器身下部地面有油渍。

3）油位下降。

（2）处理原则。

1）检查本体套管、油嘴阀门、法兰、金属膨胀器、引线接头等部位，确定渗漏油部位。

2）根据渗漏油速度结合油位情况，判断缺陷的严重程度。

3）油浸式电压互感器电磁单元油位不可见，且无明显渗漏点，应加强监视，按缺陷流程上报。

4）油浸式电压互感器电磁单元漏油速度每滴时间不快于5s，且油位正常，应加强监视，按缺陷处理流程上报。

5）油浸式电压互感器电磁单元漏油速度虽每滴时间不快于5s，但油位低于下限的，立即汇报值班调控人员申请停运处理。

6）油浸式电压互感器电磁单元漏油速度每滴时间快于5s，立即汇报值班调控人员申请停运处理。

7）电容式电压互感器电容单元渗漏油，应立即汇报值班调控人员申请停运处理。

二、SF_6气体压力降低报警

（1）现象。

1）监控系统发出SF_6气体压力低的告警信息。

2）密度继电器气体压力指示低于报警值。

（2）处理原则。

1）检查表计外观是否完好，指针是否正常，记录气体压力值。

2）检查表计压力是否降低至报警值，若为误报警，应查找原因，必要时联系检修人员处理。

3）若确系SF_6压力异常，应检查各密封部件有无明显漏气现象并联系检修人员处理。

4）气体压力恢复前应加强监视，因漏气较严重一时无法进行补气或SF_6气体压力为零时，应立即汇报值班调控人员申请停运处理。

三、本体发热

（1）现象。红外检测整体温升偏高，油浸式电压互感器中上部温度高。

（2）处理原则。

1）对电压互感器进行全面检查，检查有无其他异常情况，查看二次电压是否正常。

2）油浸式电压互感器整体温升偏高，且中上部温度高，温差超过 2K，可判断为内部绝缘降低，应立即汇报值班调控人员申请停运处理。

四、异常声响

（1）现象。电压互感器声响与正常运行时对比有明显增大且伴有各种噪声。

（2）处理原则。

1）内部伴有较大嗡嗡噪声时，检查二次电压是否正常。声响比平常增大而均匀时，检查是否为过电压、铁磁共振、谐波作用引起，汇报值班调控人员并联系检修人员进一步检查。

2）内部伴有噼啪放电声响时，可判断为本体内部故障，应立即汇报值班调控人员申请停运处理。

3）外部伴有噼啪放电声响时，应检查外绝缘表面是否有局部放电或电晕，若因外绝缘损坏造成放电，应立即汇报值班调控人员申请停运处理。

4）若异常声响较轻，不需立即停电检修的，应加强监视，按缺陷处理流程上报。

五、外绝缘放电

（1）现象。

1）外部有放电声响。

2）夜间熄灯可见放电火花、电晕。

（2）处理原则。

1）发现外绝缘放电时，应检查外绝缘表面，有无破损、裂纹、严重污秽情况。

2）外绝缘表面损坏的，应立即汇报值班调控人员申请停运处理。

3）外绝缘未见明显损坏，放电未超过第二裙的，应加强监视，按缺陷处理流程上报。超过第二伞裙的，应立即汇报调控人员申请停电处理。

六、二次电压异常

（1）现象。

1）监控系统发出电压异常越限告警信息，相关电压指示降低、波动或升高。

2）变电站现场相关电压表指示降低、波动或升高。相关继电保护及自动装置发 TV 断线告警信息。

（2）处理原则。

1）测量二次空气开关（熔断器）进线侧电压，如电压正常，检查二次空气开关及二次回路；如电压异常，检查设备本体及高压熔断器。

2）处理过程中应注意二次电压异常对继电保护、自动装置的影响，采取相应的措施，防止误动、拒动。

3）中性点非有效接地系统，应检查现场有无接地现象、互感器有无异常声响，并汇报值班调控人员，采取措施将其消除或隔离故障点。

4）二次熔断器熔断或二次开关跳开，应试送二次开关（更换二次熔断器），试送不成汇报值班调控人员申请停运处理。

5）二次电压波动、二次电压低，应检查二次回路有无松动及设备本体有无异常，电压无法恢复时，联系检修人员处理。

6）二次电压高、开口三角电压高，应检查设备本体有无异常，联系检修人员处理。

七、冒烟着火

（1）现象。

1）监控系统相关继电保护动作信号发出，断路器跳闸信号发出，相关电流、电压、功率无指示。

2）变电站现场相关继电保护装置动作，相关断路器跳闸。

3）设备本体冒烟着火。

（2）处理原则。

1）检查当地监控系统告警及动作信息，相关电流、电压数据。

2）检查记录继电保护及自动装置动作信息，核对设备动作情况，查找故障点。

3）处理过程中应注意二次电压消失对继电保护、自动装置的影响，采取相应的措施，防止误动、拒动。

4）在确认各侧电源已断开且保证人身安全的前提下，用灭火器材灭火。

5）应立即向上级主管部门汇报，及时报警。

6）应及时将现场检查情况汇报值班调控人员及有关部门。

7）根据值班调控人员指令进行故障设备的隔离操作和负荷的转移操作。

第八章 避雷器运行与维护

模块一 避雷器运行规定

一、运行规定

（1）110kV 及以上电压等级避雷器应安装交流泄漏电流在线监测表计。

（2）安装了在线监测仪的避雷器，在投入运行时，应记录一次测量数据，作为原始数据记录。

（3）金属氧化物避雷器法兰应设置有效排水孔。

（4）避雷器应全年投入运行，严格遵守避雷器交流泄漏电流测试周期，具备带电检测条件时，宜在每年雷雨季节前进行运行中持续电流检测，测试数据应包括全电流及阻性电流，合格后方可继续运行。雷雨季节前后各测量一次，测试数据应包括全电流及阻性电流，合格后方可继续运行。

（5）当避雷器泄漏电流指示异常时，应缩短巡视周期，及时查明原因。

（6）系统发生过电压、接地等异常运行情况时，应对避雷器进行重点检查。

（7）雷雨时，严禁巡视人员接近避雷器。

二、紧急申请停运规定

运行中避雷器有下列情况时，应立即汇报值班调控人员申请将避雷器停运：

（1）本体严重过热。

（2）瓷套破裂或爆炸。

（3）底座支持绝缘子严重破损、裂纹。

（4）内部异常声响或有放电声。

（5）运行电压下泄漏电流严重超标。

（6）连接引线严重烧伤或断裂。

模块二 避雷器巡视

一、例行巡视

（1）引流线无松股、断股和弛度过紧及过松现象；接头无松动、发热或变色现象。

（2）均压环无位移、变形、锈蚀现象，无放电痕迹。

（3）瓷套部分无裂纹、破损、无放电现象，硅橡胶复合绝缘外套伞裙无破损、变形。

（4）密封结构金属件和法兰盘无裂纹、锈蚀；压力释放导向装置封闭完好且无异物。

（5）底座固定牢固，整体无倾斜；接地引下线连接可靠。

（6）运行时无异常声响，红外热像测温，本体及电气连接部位应无异常温升、温差。

（7）泄漏电流在线监测装置外观完整、密封良好、连接紧固，接线正确，表计指示正常，数值无超标；放电计数器完好，内部无受潮。

（8）泄漏电流表（放电计数器）上小套管清洁、螺栓紧固。

（9）接地标识、设备铭牌、设备标识牌、相序标识齐全、清晰。

（10）原存在的设备缺陷是否有发展趋势。

二、全面巡视

全面巡视在例行巡视的基础上增加以下项目：记录避雷器泄漏电流的指示值及动作计数器的指示数，并与历史数据进行比较。

三、熄灯巡视

（1）引线、接头无放电、发红、严重电晕迹象。

（2）外绝缘无闪络、放电。

四、特殊巡视

（1）异常天气时。

1）大风、沙尘、冰雹天气后，检查引线连接应良好，无异常声响，垂直安装的避雷器无严重晃动，户外设备区域有无杂物、漂浮物等。

2）雾霾、大雾、毛毛雨天气时，检查避雷器是否有放电情况，电晕是否显著增大，重点监视污秽瓷质部分，必要时夜间熄灯检查。

3）覆冰天气时，检查外绝缘覆冰情况及冰凌桥接程度，不出现伞裙放电现象。

4）大雪天气，检查引线积雪情况，为防止套管因过度受力引起套管破裂等现象，应及时处理引线积雪过多和冰柱。

（2）雷雨天气及系统发生过电压后。

1）检查避雷器外部是否完好，有无放电痕迹。

2）检查泄漏电流表、计数器外壳完好，无进水。

3）与避雷器连接的导线及接地引下线有无烧伤痕迹或断股现象。

4）记录放电计数器的放电次数，判断避雷器是否动作。

5）记录泄漏电流的指示值，检查避雷器泄漏电流变化情况。

模块三　避雷器维护

一、红外检测周期

35～110kV 每 6 个月不少于 1 次检测。新投运避雷器应在投运后的 1 周时间内测温 1 次；迎峰度夏（冬）、大负荷、保供电期间及必要时增加检测频次。

二、检测范围

避雷器本体及电气连接部位，重点检测本体。

模块四　避雷器典型故障和异常处理

一、本体发热

（1）现象。本体整体或局部发热，相间温差超过 1K。正常为整体轻微发热，较热点一般在靠近上部且不均匀，多节组合从上到下各节温度递减，引起整体发热或局部发热为异常。

（2）处理原则。

1）确认本体发热后，可判断为内部故障。

2）立即汇报值班调控人员申请停运处理。

3）接近避雷器时，注意与避雷器设备保持足够的安全距离，应远离避雷器进行观察。

二、泄漏电流指示值异常增大

（1）现象。

1）在线监测系统发出数据超标告警信号。

2）泄漏电流表指示值异常增大。

（2）处理原则。

1）发现泄漏电流表计指示异常增大时，应检查本体外绝缘积污程度，是否有破损、裂纹，内部有无异常声响，并进行红外检测，根据检查及检测结果，综合分析异常原因。

2）核查避雷器放电计数器动作情况。

3）正常天气情况下，泄漏电流表读数超过初始值 1.2 倍，为严重缺陷，应登记缺陷并按缺陷流程处理。

4）正常天气情况下，泄漏电流表读数超过初始值 1.4 倍，为危急缺陷，应汇报值班调控人员申请停运处理。

三、外绝缘破损

（1）现象。外绝缘表面有破损、开裂、缺胶、杂质、凸起等。

（2）处理原则。

1）判断外绝缘表面缺陷的面积和深度。

2）查看避雷器外绝缘的放电情况，有无火花、放电痕迹。

3）巡视时应注意与避雷器设备保持足够的安全距离，应远离避雷器进行观察。

4）发现避雷器外绝缘破损、开裂等，需要更换外绝缘时，应汇报值班调控人员申请停运处理。

四、本体炸裂、引线脱落接地

（1）现象。

1）中性点有效接地系统。

a）监控系统发出相关保护动作、断路器跳闸变位信息，相关电压、电流、功率显示为零。

b）相关保护装置发出动作信息。

c）避雷器本体损坏、引线脱落。

2）中性点非有效接地系统。

a）监控系统发出母线接地告警信息。

b）相应母线电压表指示：接地相电压降低，其他两相电压升高。

c）避雷器本体损坏、引线脱落。

（2）处理原则。

1）检查记录监控系统告警信息，现场记录有关保护及自动装置动作情况。

2）现场查看避雷器损坏、引线脱落情况和临近设备外绝缘的损伤状况，核对一次设备动作情况。

3）查找故障点，判明故障原因后，立即将现场情况汇报值班调控人员，按照值班调控人员指令隔离故障，联系检修人员处理。

4）查找中性点非有效接地系统接地故障时，应遵守安规规定，防止跨步电压伤人。

五、绝缘闪络

（1）中性点有效接地系统。

1）监控系统发出相关保护动作、断路器跳闸变位信息，相关电压、电流、功率显示为零。

2）相关保护装置发出动作信息。

3）避雷器外绝缘有放电痕迹，接地引下线或有放电痕迹。

（2）中性点非有效接地系统。

1）监控系统发出母线接地告警信息。

2）相应母线电压表指示：接地相电压降低，其他两相电压升高。

3）避雷器外绝缘有放电痕迹，接地引下线或有放电痕迹，夜间可见放电火花。

（3）处理原则。

1）检查记录监控系统告警信息，现场记录有关保护及自动装置动作情况。

2）检查一次设备情况，重点检查避雷器接地引下线有无放电痕迹、外绝缘的积污状况、表面及金具是否出现裂纹或损伤。

3）查找接地点，判明故障原因后，立即将现场情况汇报值班调控人员，按照值班调控人员指令隔离故障，联系检修人员处理。

4）查找中性点非有效接地系统接地故障时，应遵守安规规定，防止跨步电压伤人。

第九章

电力电缆运行与维护

一、运行规定

（1）一般规定。

1）电缆敷设和运行时的最小弯曲半径应满足表 9－1 要求。

表 9－1　电缆敷设和运行时的最小弯曲半径

项目	35kV 及以下的电缆				66kV 及以上的电缆
	单芯电缆		三芯电缆		
	无铠装	有铠装	无铠装	有铠装	
敷设时	20*D*	15*D*	15*D*	12*D*	20*D*
运行时	15*D*	12*D*	12*D*	10*D*	15*D*

注　1. “*D*” 成品电缆标称外径。
　　2. 非本表范围电缆的最小弯曲半径按制造厂提供的技术资料的规定。

2）电缆终端、设备线夹、与导线连接部位不应出现温度异常现象，电缆终端套管各相同位置部件温差不宜超过 2K；（1K）设备线夹、与导线连接部位各相相同位置部件相对温差不宜超过 20%。

3）电缆夹层、电缆竖井、电缆沟敷设的非阻燃电缆应包绕防火包带或涂防火涂料，涂刷应覆盖阻火墙两侧不小于 1m 范围。

4）电缆竖井中应分层设置防火隔板，电缆沟每隔一定的距离应采取防火隔离措施。

5）电缆接地箱焊接部位应做防腐处理。

6）电缆金属支架应接地良好，并进行防腐处理，交流系统的单芯电缆或分相后的分相电缆的固定夹具不应构成闭合磁路。

7）电缆终端的相色正确，电缆支架等的金属部件防腐层应完好，电缆管口封堵严密。

8）电缆线路所有应接地的接点与接地极接触良好，接地电阻符合要求。

9）电缆沟应无杂物，无积水，盖板齐全；隧道内无杂物，照明、通风、排水等设施完好。

10）电缆终端、电缆接头及充油电缆的供油系统固定牢固；电缆接线端子与所接设备端子接触良好；互联接地箱和交叉互联箱的连接点接触良好。

（2）紧急申请停运规定。发现电力电缆有下列情况之一，应立即汇报调控人员申请将电力电缆停运：

1）电缆或电缆终端冒烟起火。

2）充油电缆终端发生漏油，短时间内变电运维人员不能控制、排除时。

3）电缆终端存在破损、局部损坏及放电现象，需要停运处理时。

4）电缆终端及引出线、线夹温度异常，红外测温显示温度达到严重发热程度，需要停运处理时。

5）其他被判定为危急缺陷的情况，需要停运处理时。

二、巡视

（1）例行巡视。

1）电缆本体。

a）电缆本体应无明显变形。

b）外护套应无破损和龟裂现象。

c）电缆表面温度不应过高。

2）电缆终端。

a）套管外绝缘应无破损、裂纹，无明显放电痕迹、异味及异常响声。

b）套管密封应无漏油、流胶现象；瓷套表面不应严重结垢。

c）电缆终端、设备线夹、与导线连接部位应无过热。

d）固定件应无松动、锈蚀，支撑绝缘子外套无开裂、底座无倾斜。

e）电缆终端及附近应无不满足安全距离的异物。

f）电缆终端应无倾斜现象，引流线不应过紧。

g）电缆金属屏蔽层、铠装层应分别接地良好，引线无锈蚀、断裂。

3）接地箱。

a）箱体（含门、锁）应无缺失、损坏，固定应可靠。

b）主接地引线应接地良好，焊接部位应做防腐处理。

c）接地设备应连接可靠，无松动、断开。

d）同轴电缆、接地单芯引线或回流线应无缺失、受损。

4）电缆通道。

a）电缆通道、夹层应保持整洁、畅通，无火灾隐患，不得积存易燃、易爆物。

b）电缆沟盖板表面应平整、平稳，无扭曲变形，活动盖板应开启灵活、无卡涩。

c）电缆沟应无结构性损伤，附属设施应完整。

d）电缆沟内应无杂物、积水。

（2）全面巡视。全面巡视在例行巡视的基础上增加以下项目：

1）消防设施应齐全完好。

2）在线监测装置应保持良好状态。

3）电缆支架应无缺件、锈蚀、破损现象，接地应良好。

4）防火槽盒、防火涂料、防火阻燃带应无脱落现象。

5）原存在的设备缺陷是否有发展。

6）标示牌应完好、无缺失，标示信息应清晰、正确。

7）其他附属设施应无破损。

（3）熄灯巡视。

1）电缆终端线夹、引线连接部位无放电、发热、过热迹象。

2）电缆终端套管无放电痕迹或电晕。

（4）特殊巡视。

1）新投入或者经过大修的电力电缆巡视。

a）电缆终端应无异常声响，如果听到异常放电声，应联系检修人员。

b）充油电缆终端应无渗漏油现象。

c）电缆终端应无异常发热现象，三相终端温差应满足要求。

d）电缆本体应无破损、龟裂现象。

2）异常天气时的巡视。

a）雷雨、冰雹天气过后，检查终端引线有无断股迹象，电缆终端上有无飘落积存杂物，有无放电痕迹及破损现象。

b）雷雨天气后，检查电缆夹层、电缆沟有无进水、积水情况。若存在应及时排水，并对排水设施进行检查、疏通，潮气过大时应做好通风。

c）浓雾、小雨天气时，终端有无沿表面闪络和放电。

d）下雪天气时，应根据接头部位积雪溶化迹象检查无过热。检查终端积雪情况，并应及时清除终端上的积雪和形成的冰柱。

3）高温大负荷时的巡视。

a）高温大负荷期间，应定期检查并记录负荷电流。

b）检查电缆终端温度变化，终端及线夹、引线应无过热现象。

c）电缆终端应无异常声响。

三、维护

（1）电缆孔洞封堵。

1）在电缆进入电缆沟、竖井、变电站夹层、墙壁、楼板或进入电气盘、柜的孔洞封堵不严时，应用防火、防水材料进行封堵。

2）在封堵电缆孔洞时，封堵应严实可靠，不应有明显的裂缝和可见的缝隙，孔洞较大者应加耐火衬板后再进行封堵。

（2）红外检测。

1）110（66）kV 每 6 个月不少于次检测；35kV 及以下每年不少于 1 次。迎峰度夏前和迎峰度夏中各开展 1 次精确测温。迎峰度夏（冬）、大负荷、保供电期间及必要时增加检测频次。

2）检测范围为电力电缆本体、终端、电缆分支处及接地线。

3）检测时，电缆带电运行时间应该在 24h 以上，宜在设备负荷高峰状态下进行。

4）尽量移开或避开电缆与测温仪之间的遮挡物，记录环境温度、湿度、负荷电流及其近3h内的变化情况，以便分析参考。

5）配置智能机器人巡检系统的变电站，可由智能机器人完成红外普测和精确测温，由专业人员进行复核。

四、典型异常和故障处理

（1）电缆终端起火、爆炸处理。

1）现象。

a）电缆终端起火、冒烟。

b）电缆终端绝缘击穿，套管爆炸。

c）相关继电保护装置、故障录波器动作，发出告警信息。

d）故障电缆终端所在间隔断路器跳闸。

e）故障电缆终端所在线路电压、负荷电流为零。

2）处理原则。

a）电缆终端起火初期，首先应检查电缆终端所在间隔断路器是否已跳闸，否则应立即拉开所在间隔断路器，汇报调控，做好安全措施，迅速灭火，防止火势继续蔓延。

b）确认现场故障情况，将故障点与其他带电设备隔离。

c）联系检修人员处理。

（2）电缆终端过热处理。

1）现象。

a）三相终端金属连接部位、绝缘套管过热。

b）充油电缆终端套管温度分布不均，存在分层现象。

2）处理原则。

a）检查发热终端线路的负荷情况，必要时联系调控转移负荷。

b）检查充油电缆终端是否存在漏油现象。

c）若需停电处理，应汇报调控中心，并联系检修人员处理。

（3）电缆终端存在异响处理。

1）现象。

a）电缆终端发出异常声响。

b）电缆终端表面存在放电痕迹。

2）处理原则。

a）检查终端外绝缘是否存在破损、污秽，是否有放电痕迹。

b）检查终端上是否悬挂异物。

c）若需停电处理，应汇报调控中心，并联系检修人员处理。

（4）电缆终端渗、漏油处理。

1）现象。

a）电缆终端存在漏油痕迹。

b）红外检测呈现终端内部绝缘油液面降低。

2）处理原则。

a）检查终端油位及渗漏情况。

b）检查终端套管有无异常，是否存在破损、开裂。

c）检查终端底座有无异常，封铅及密封带是否破损、开裂。

d）检查紧固螺栓是否松动、缺失。

e）若需停电处理，应汇报调控中心，并联系检修人员处理。

第十章 并联电容器运行与维护

模块一　并联电容器运行规定

一、一般规定

（1）并联电容器组新装投运前，除各项试验合格并按一般巡视项目检查外，还应检查放电回路、保护回路、通风装置应完好。在额定电压下合闸冲击三次，每次合闸间隔时间 5min，应将电容器残留电压放完时方可进行下次合闸。

（2）并联电容器组放电装置应投入运行，断电后在 5s 内应将剩余电压降到 50V 以下。

（3）运行中的并联电容组电抗器室温度不应超过 35℃，当室温超过 35℃时，干式三相重叠安装的电抗器线圈表面温度不应超过 85℃，单独安装不应超过 75℃。

（4）并联电容器运行室温度最高不允许超过 40℃，壳体温度不允许超过 55℃。

（5）并联电容器熔断器熔丝的额定电流不小于电容器额定电流的 1.43 倍选择，更换熔断器时应注意选择相同型号及参数的熔断器。每台电容器必须有安装位置的编号。

（6）电容器组引线与端子间连接应使用专用压线夹；电容器之间的连接线应采用软连接。

（7）室内并联电容器组应有良好的通风，进入电容器室宜先开启通风装置。

（8）室内布置电容器装置必须按照有关消防规定设置消防设施，并设有总的消防通道，应定期检查设施完好，通道不得任意堵塞。

（9）吸湿器（集合式电容器）的玻璃罩杯应完好无破损，能起到长期呼吸作用，使用变色硅胶，罐装至顶部 1/6～1/5 处，受潮硅胶不超过 2/3，并标识 2/3 位置，硅胶不应自上而下变色，上部不应被油浸润，无碎裂、粉化现象。

（10）非密封结构的集合式电容器应装有储油柜，油位指示是否正常，油位计内部无油垢，油位清晰可见，储油柜外观应良好，无渗油、漏油现象。

（11）注油口和放油阀（集合式电容器）阀门必须根据实际需要，处在关闭和开启位置。指示开、闭位置的标志清晰、正确；阀门接口处无渗漏油现象。

（12）系统电压波动、本体有异常（如振荡、接地、低周或铁磁谐振），应检查电容器固件有无松动，各部件相对位置有无变化；电容器组有无放电及焦味，电容器外壳有无鼓肚、膨胀变形。

（13）对于接入谐波源用户的变电站电容器组，每年应安排一次谐波测试，谐波超标时应采取相应的消谐措施。

（14）电容器允许在额定电压±5%波动范围内长期运行。电容器过电压倍数及运行持续时间按表 10－1 所示的规定执行，尽量避免在低于额定电压下运行。

表 10－1　　电容器过电压倍数及运行持续时间

过电压倍数（U_g/U_n）	持续时间	说明
1.05	连续	
1.10	每 24h 中 8h	
1.15	每 24h 中 30min	系统电压调整与波动
1.20	5min	轻荷载时电压升高
1.30	1min	

（15）并联电容器组允许在不超过额定电流的 30%的运行情况下长期运行。三相不平衡电流不应超过±5%。

（16）当系统发生单相接地时，不准带电检查该系统上的电容器组。

二、紧急申请停运规定

运行中的电力电容器有下列情况时，应立即申请停运：

（1）电容器发生爆炸、喷油或起火。

（2）接头严重发热。

（3）电容器套管发生破裂或有闪络放电。

（4）电容器壳体明显膨胀，油流出，电容器或电抗器内部有异常声响。

（5）当电容器壳体温度超过 55℃，或室温超过 40℃时，采取降温措施无效时。

（6）母线电压超过电容器额定电压的 1.1 倍，电流超过额定电流的 1.3 倍，三相电流不平衡超过 5%时。

（7）集合式并联电容器压力释放阀动作时。

（8）电容器组的配套设备有明显损坏，危及安全运行时。

模块二　并联电容器巡视

一、例行巡视

（1）设备铭牌、运行编号标识、相序标识齐全、清晰。

（2）母线及引线无过紧过松、散股、断股、无异物缠绕，各连接头无发热现象。

（3）无异常振动或响声。

（4）电容器壳体无变色、膨胀变形；集合式电容器无渗漏油，油温、油位正常；框架式电容器外熔丝完好，无熔断。

（5）限流电抗器附近无磁性杂物存在，干式电抗器表面涂层无变色、龟裂、脱落或爬电痕迹，无放电及焦味，油电抗器应无渗漏油。

（6）放电线圈二次接线紧固无发热、松动现象；干式放电线圈绝缘树脂无破损、放电；油浸放电线圈油位正常，无渗漏。

（7）避雷器垂直和牢固，外绝缘无破损、裂纹及放电痕迹，运行中避雷器泄漏电流正常。

（8）设备的接地良好，接地引下线无锈蚀、断裂且标识完好。

（9）电缆穿管端部封堵严密。

（10）端子箱门应关严，封堵完好，无进水受潮，温控除湿装置长期自动投入。

（11）套管及支柱绝缘子完好，无破损裂纹及放电痕迹。

（12）围栏安装牢固，门关闭，无杂物，“五防”锁具完好。

（13）本体及支架上无杂物，特别是室外布置应检查支架上无鸟窝等异物。

（14）原有的缺陷无发展趋势。

二、全面巡视

全面巡视在例行巡视的基础上增加以下项目：

（1）电容器室干净整洁，照明及通风系统完好。

（2）电容器防小动物设施完好。

（3）端子箱门关闭，封堵完好，无进水受潮。

（4）端子箱体内加热、防潮装置工作正常。

（5）端子箱内孔洞封堵严密，照明完好；电缆标牌齐全、完整。

三、熄灯巡视

（1）检查引线、接头有无放电、发红过热迹象。

（2）检查套管无电晕、闪络、放电痕迹。

四、特殊巡视

（1）新投入或经过大修后巡视。

1）声音应正常，如果发现响声特大，不均匀或者有放电声，应认真检查。

2）单体电容器壳体膨胀变形，集合式电容器油温、油位正常。

3）红外测温各部分本体和接头无发热。

（2）异常天气时巡视。

1）气温骤变时，检查一次引线端子无异常受力，引线无断股、发热，集合式电容器还要检查油位。

2）雷雨、冰雹天气过后，检查导引线摆动幅度及有无断股迹象，设备上有无飘落积存杂物，瓷套管有无放电痕迹及破裂现象。

3）浓雾、毛毛雨天气时，瓷套管有无沿表面闪络和放电，各接头部位、部件在小雨中不应有水蒸气上升现象。

4）高温天气时，应特别检查电容器壳体无变色、膨胀变形；集合式电容器油温、油位正常。

（3）故障跳闸后的巡视。

1）检查电容器各引线接点有无发热现象，熔断器有无熔断或松弛。

2）检查本体各部件无位移、变形、松动或损坏现象。

3）检查外表涂漆无变色，壳体无膨胀变形，接缝无开裂、渗漏油。

4）检查瓷件无破损、裂纹及放电闪络痕迹。

模块三　并联电容器操作与维护

一、操作

（1）正常情况下电容器的投入、切除由变电站运行人员根据调度颁发的电压曲线自行操作。

（2）由于继电保护动作使电容器开关跳闸，在未查明原因前，不得重新投入电容器组。

（3）装设自动投切装置的电容器组，应有防止保护跳闸时误投入电容器装置的闭锁回路，并应设置操作解除控制开关。

（4）分组电容器投切时，不得发生谐振（尽量在轻载荷时切出）。

（5）在环境温度长时间超过允许温度，及电容器有大量渗油时禁止合闸；电容器温度低于下限温度时，避免投入操作。

（6）电容器组检修作业，首先应对电容器组高压侧及中性点接地后，再对电容器进行逐个充分放电。

（7）电容器停用后，应进行人工多次放电（其放电时间不少于 5min）才可验电、装设接地线。

（8）某条母线停役时应先切除该母线上电容器，然后拉开该母线上的各出线回路，母线复役时则应先合上母线上的各出线回路断路器，后合上电容器组断路器。

（9）电容器组切除后，须经充分放电后（一般在 3min 以上），才能再次合闸。因此在操作时，若发生断路器合不上或跳跃等情况时，不可连续合闸，以免电容器损坏。

二、维护

（1）红外检测的周期。35～110kV 变电站每 6 个月不少于 1 次检测。迎峰度夏前和迎峰度夏中各开展 1 次精确测温。新安装及大修投运后 1 周内不少于 1 次检测。迎峰度夏（冬）、大负荷、保供电期间及必要时增加检测频次。

（2）检测范围。电容器组内电容器、放电线圈、串联电抗器、电流互感器、避雷器及所属设备。

（3）重点检测并联电容器组各设备的接头、电容器、放电线圈、串联电抗器。

（4）配置智能机器人巡检系统的变电站，可由智能机器人完成红外普测和精确测温，由专业人员进行复核。

模块四 并联电容器典型故障和异常处理

一、电容器故障跳闸

（1）现象。

1）事故音响启动。

2）监控系统显示电容器组断路器跳闸，电流、功率显示为零。

3）保护装置发出保护动作信息。

（2）处理原则。

1）至现场检查电容器设备，停用该电容器组 AVC 功能。

2）检查保护动作情况，记录保护动作信息。

3）检查电容器有否喷油、变形、放电、损坏等现象。

4）检查熔断器的通断情况。

5）集合式电容器需检查油位及压力释放阀动作情况。

6）检查电容器组内其他设备（电抗器、避雷器）有否损坏、放电等故障现象。

7）联系检修人员抢修。

8）由于故障电容器可能发生引线接触不良，内部断线或熔丝熔断，存在剩余电荷，在接触故障电容器前，应戴绝缘手套，用短路线将故障电容器的两极短接接地。对双星形接线电容器组的中性线及多个电容器的串接线，还应单独放电。

二、不平衡保护告警

（1）现象。电容器组不平衡保护告警，但未发生跳闸。

（2）处理原则。

1）检查保护装置情况，是否存在误告警现象。

2）检查电容器有否喷油、变形、放电、损坏等故障现象。

3）检查中性点回路内设备及电容器间引线是否有损坏。

4）现场无法判断时，联系检修人员检查处理。

三、壳体破裂、漏油、鼓肚

（1）现象。

1）片架式电容器壳体破裂、漏油、鼓肚。

2）集合式电容器壳体严重漏油。

（2）处理原则。

1）发现片架式电容器壳体有破裂、漏油、鼓肚现象后，记录该电容器所在位置编号，并查看电容器不平衡保护读数（不平衡电压或电流）是否有异常。情况严重时应立即汇报调度部门，做紧急停运处理。

2）发现集合式电容器壳体有漏油时，应根据相关规程判断其严重程度，并按照缺陷处理流程进行登记和消缺。

3）发现集合式电容器压力释放阀动作时应立即汇报调度部门，做紧急停运处理。

4）现场无法判断时，联系检修人员检查处理。

四、声音异常

（1）现象。

1）电容器伴有异常振动声、漏气声、放电声。

2）异常声响与正常运行时对比有明显增大。

（2）处理原则。

1）有异常振动声时应检查金属构架是否有螺栓松动脱落等现象。

2）有异常漏气声时应检查电容器有否渗漏、喷油等现象。

3）有异常放电声时应检查电容器套管有否爬电现象，接地是否良好。

4）现场无法判断时，联系检修人员检查处理。

五、瓷套异常

（1）现象。

1）瓷套外表面严重污秽，伴有一定程度电晕或放电。

2）瓷套有开裂、破损现象。

（2）处理原则。

1）瓷套表面污秽较严重并伴有一定程度电晕，有条件的可先采用带电清扫。

2）瓷套表面有明显放电或较严重电晕现象的，应立即汇报调度部门，做紧急停运处理。

3）电容器瓷套有开裂、破损现象的，应立即汇报调度部门，做紧急停运处理。

4）现场无法判断时，联系检修人员检查处理。

六、温度异常

（1）现象。

1）电容器壳体温度异常。

2）电容器金属连接部分温度异常。

3）集合式电容器油温高报警。

（2）处理原则。

1）红外测温发现电容器壳体热点温度大于55℃或相对温差δ不小于80%的，可先采取轴流风扇等降温措施。如超过55℃且降温措施无效的，应立即汇报调度部门，做紧急停运处理。

2）红外测温发现电容器金属连接部分热点温度大于 80℃或相对温差δ不小于 95%的，应检查相应的接头、引线、螺栓有无松动，引线端子板有无变形、开裂，并联系检修人员检查处理。

3）集合式电容器油温高报警后，先检查温度计指示是否正确，电容器室通风装置是否正常。如确实温度较平时升高明显，应联系检修人员处理。

母线及绝缘子运行与维护

模块一 母线及绝缘子运行规定

一、一般规定

（1）母线及绝缘子送电前应试验合格，各项检查项目合格，各项指标满足要求，保护按照要求投入，并经验收合格，方可投运。

（2）母线及接头长期允许工作温度不宜超过 70℃。

（3）检修后或长期停用的母线，投运前须用带保护的断路器对母线充电。

（4）用母联（分段）断路器给母线充电前，应投入充电保护；充电后，退出充电保护。无充电保护的可以用过流Ⅰ段保护代替。

（5）旁路母线投入前，应在保护投入的情况下用旁路断路器对旁路母线充电 1 次。

（6）母线停送电操作中，应避免电压互感器（TV）二次侧反充电。

二、紧急申请停运规定

发现母线有下列情况之一，应立即汇报值班调控人员申请停运：

（1）母线支持绝缘子倾斜、绝缘子断裂。

（2）悬挂型母线滑移。

（3）单片悬式瓷绝缘子严重发热。

（4）硬母线伸缩接头变形。

（5）母线上悬挂异物。

（6）软母线或引流线有断股，截面损失达 25%以上或不满足母线短路通流要求时。

（7）母线严重发热，热点温度不小于 130℃或δ不小于 95%时。

模块二 母线及绝缘子巡视

一、例行巡视

（1）母线。

1）名称、编号、相序等标识齐全、完好，清晰可辨。

2）无异物悬挂。
3）外观完好，表面清洁，连接牢固。
4）无异常振动和声响。
5）线夹、接头无过热、无氧化、无异常。
6）带电显示装置运行正常。
7）软母线无断股、散股及腐蚀现象，多股导线应无松散、无伤痕。表面光滑整洁。
8）硬母线应平直、焊接面无开裂、脱焊，伸缩接头应正常。
9）绝缘母线表面绝缘包敷严密，无开裂、起层和变色现象。
10）绝缘屏蔽母线屏蔽接地应接触良好。
（2）引流线。
1）无断股或散股、腐蚀现象，无异物悬挂。
2）线夹、接头无过热、无异常。
3）无绷紧或松弛现象。
（3）金具。
1）无锈蚀、变形、损伤。
2）伸缩金具无变形、散股及支撑螺杆脱出现象。
3）线夹无松动，均压环平整牢固，无过热发红现象。
（4）绝缘子。
1）绝缘子防污闪涂料无大面积脱落、起皮现象。
2）绝缘子各连接部位无松动现象，金具和螺栓无锈蚀。
3）绝缘子表面无裂纹、破损和电蚀，无异物附着。
4）支持瓷绝缘子瓷裙、基座及法兰无裂纹。
5）支持绝缘子及硅橡胶增爬伞裙表面清洁、无裂纹及放电痕迹，憎水性良好。
6）支持瓷绝缘子无倾斜。

二、全面巡视

全面巡视应在例行巡视基础上增加以下内容：
（1）对母线、引流线及各接头进行全面红外测温。
（2）检查绝缘子表面积污情况。
（3）支持瓷绝缘子结合处涂抹的防水胶无脱落现象，水泥胶装面完好。

三、熄灯巡视

（1）母线、引流线及各接头无发红现象。
（2）绝缘子应无电晕及放电现象。
（3）使用红外成像仪进行测温。

四、特殊巡视

（1）新投入或者经过大修的母线及绝缘子巡视。

1）母线、引流线无异常声响，各接头无发热。

2）使用红热成像仪进行测温。

（2）严寒季节时重点检查母线抱箍有无过紧、无开裂发热、母线接缝处伸缩器是否良好、绝缘子有无积雪冰凌桥接等现象。

（3）高温季节时重点检查接点、线夹、抱箍发热情况，母线连接处伸缩器是否良好。

（4）异常天气时重点检查以下内容：

1）冰雹、大风、沙尘暴天气：重点检查母线、绝缘子上无悬挂异物、倾斜等异常现象，以及母线舞动情况。设备线夹、金具是否牢固；硬母线有无变形。

2）大雾霜冻季节和污秽地区：检查绝缘子表面无爬电或异常放电，重点监视污秽瓷质部分。

3）雨雪天气：检查绝缘子表面无爬电或异常放电，母线及各接头不应有水蒸气上升或融化现象，如有，应用红外热像仪进一步检查。大雪时还应检查母线积雪情况，无冰溜及融雪现象。

4）覆冰天气：观察绝缘子的覆冰厚度及冰凌桥接程度，覆冰厚度不超 10mm，冰凌桥接长度不宜超过干弧距离的 1/3 ，放电不超过第二伞裙，不出现中部伞裙放电现象。

5）雷雨后：重点检查绝缘子无闪络痕迹。

（5）地震、台风、洪水、火灾、泥石流等自然灾害发生后，经上级主管领导批准并安全措施完备后，进行巡视。

（6）故障跳闸后的巡视。

1）检查现场一次设备（特别是保护范围内设备）外观，导引线有无断股等情况。

2）检查保护装置的动作情况。

3）检查断路器运行状态（位置、气体压力、油位）。

4）检查绝缘子表面有无放电。

5）检查各气室压力、接缝处伸缩器（如有）有无异常。

模块三　母线及绝缘子操作与维护

一、操作

（1）母线停送电操作。

1）母线停电前应检查停电母线上所有元件确已转移，同时应防止电压互感器反送电。

2）拉开母联、分段开关前后，应检查该开关电流。

3）如母联开关设有断口均压电容且母线电压互感器为电磁式的，为了避免拉开母联开关后可能产生串联谐振而引起过电压，应先停用母线电压互感器，再拉开母联开关；复电时相反。

4）母线送电操作程序与停电操作程序相反。

5）母线送电时，应对母线进行检验性充电。用母联（或分段）断路器给母线充电前，应将专用充电保护投入（无充电保护可用过流Ⅰ段代替）；充电后，退出专用充电保护。用旁路开关对旁路母线充电前应投入旁路开关线路保护或充电保护。

6）母线充电后检查母线电压。

（2）倒母线操作。

1）倒母线操作时，应按照合上母联断路器，投入母线保护互联压板，拉开母联断路器控制电源，再切换母线侧隔离开关的顺序进行。运行断路器切换母线隔离开关应“先合、再拉”。

2）冷倒（热备用断路器）切换母线隔离开关，应“先拉、再合”。

3）倒母线操作时，在某一设备间隔母线侧隔离开关合入母线后，应检查该间隔二次电压切换正常。

4）双母线接线方式下变电站倒母线操作结束后，先合上母联断路器控制电源开关，然后再退出母线保护互联压板。

5）母线停电前，有站用变压器接于停电母线上的，应先做好站用电的调整。

二、维护

（1）标识维护、更换。

1）发现标识脱落、辨识不清时，应视现场实际情况对标识进行维护或更换。

2）维护时保持与带电设备足够安全距离。

（2）红外测温。

1）35～110kV 每 6 个月不少于 1 次测温，迎峰度夏前和迎峰度夏中各开展 1 次精确测温。新安装及大修母线投运后 1 周内不少于 1 次测温。迎峰度夏（冬）、大负荷、检修结束送电、保供电期间及必要时增加检测频次。

2）检测范围为母线、引流线、绝缘子及各连接金具。

3）重点检测母线各连接接头（线夹）等部位。

4）配置智能机器人巡检系统的变电站，可由智能机器人完成红外普测和精确测温，由专业人员进行复核。

模块四　母线及绝缘子典型异常和故障处理

一、母线短路失压

（1）现象。

1）后台显示相关保护动作信息，母线电压显示为零。

2）母线发生短路故障，系统出现强烈冲击，现场出现支持绝缘子断裂或异常声响、火光、冒烟等现象。

3）保护动作，断路器跳闸。

（2）处理原则。

1）立即检查母线设备，并设法隔离或排除故障。

a）如故障点在母线侧隔离开关外侧，可将该回路两侧隔离开关拉开。故障隔离或排除以后，按调度命令恢复母线运行。对双母线或单母线分段接线，宜采用有充电保护的断路器对母线充电。对于3/2断路器接线，应选择一条电源线路对停电母线充电。母线充电成功后，再送出其他线路。

b）若故障点不能立即隔离或排除，对于双母线接线，按值班调控人员指令对无故障的元件倒至运行母线运行。

c）若找不到明显故障点，则不准将跳闸元件接入运行母线送电，以防止故障扩大至运行母线。可按照值班调控人员指令处理试送母线。线路对侧有电源时应由线路对侧电源对故障母线试送电。

2）运维人员不能自己排除母线故障时，应立即联系检修人员处理，在处理之前做好安全措施。

二、支柱瓷绝缘子断裂

（1）现象。支柱瓷绝缘子断裂。

（2）处理原则。

1）对于硬母线，应全面检查硬母线有无变形或其他异常现象。

2）布置现场安全措施，将断裂绝缘子进行隔离，汇报值班调控人员申请停电处理。

三、母线接头（线夹）过热

（1）现象。

1）母线接头（线夹）温度与正常运行时对比有明显增高。

2）母线接头（线夹）颜色与正常运行时对比有明显变化。

（2）处理原则。

1）用红外热成像仪检测确定发热部位及温度。

2）核对负荷情况和环境温度，并与历史数据比较后做出综合判断。

3）汇报值班调控人员，结合现场情况申请转移负荷或停电处理。

四、小电流接地系统母线单相接地

（1）现象。监控后台显示母线电压异常。

（2）处理原则。

1）检查母线及相连设备，确定接地点，时间不得超过2h。

2）汇报值班调控人员后，按值班调控人员指令隔离接地点，进行处理。

3）如若没有发现接地点，汇报值班调控人员申请停电进行详细检查、处理。

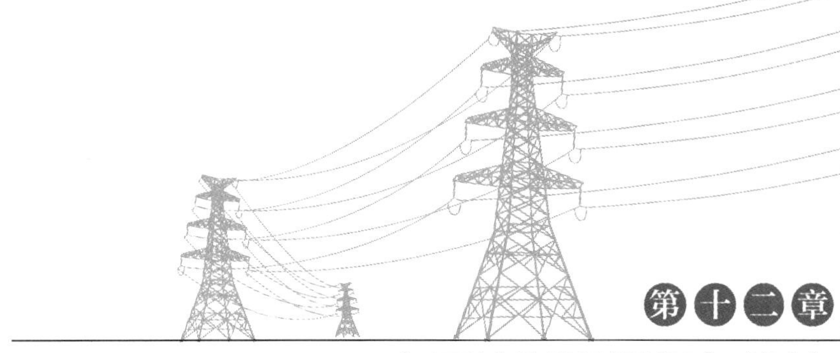

第十二章 高压熔断器运行与维护

模块一　高压熔断器运行规定

（1）高压熔断器送电前必须试验合格，各项检查项目合格，各项指标满足要求，按照整定配置要求选型，并经验收合格，方可投运。

（2）高压熔断器的额定电压和最高电压应满足运行要求。

（3）高压熔断器的额定电流选择应能满足被保护设备熔断保护的可靠性、选择性、灵敏性，其保护特性应与被保护对象的过载特性相适应，考虑到可能出现的短路电流，选用相应分断能力的高压熔断器。

（4）高压熔断器更换应使用参数相同、质量合格的熔断器。

（5）户外高压熔断器不允许使用户内型熔断器进行替代。

（6）运行时间超过 5 年的电容器用高压熔断器（外熔丝）应进行更换。

（7）变电运维班（站）应备有所辖变电站同型号、同参数的高压熔断器备件，分类存放。

（8）变电运维班（站）内的备用高压熔断器应建立清册，具备领用和补充的管理制度。

（9）被保护设备的参数发生变化后，应重新核对所选用高压熔断器的参数。

模块二　高压熔断器巡视

一、例行巡视

（1）巡视要求。

1）外观无破损裂纹、无变形、外绝缘部分无闪烁放电痕迹及其他异常现象。

2）各接触点外观完好，接触紧密，无过热现象及异味，外表面无异常变色。

3）表面应无严重凝露、积尘现象。

4）所有外露金属件的防腐蚀层应表面光洁、无锈蚀。

5）原存在的设备缺陷是否有发展趋势。

6）结合变电站现场运行专用规程中高压熔断器结构特点补充检查的其他项目。

（2）封闭式熔断器。在巡视要求的情况下增加以下项目：绝缘材料部位防潮措施应完好无损，石英砂等填充材料无泄漏。

（3）喷逐式熔断器。在巡视要求的情况下增加以下项目：

1）金属弹簧表面应无锈蚀、断裂现象。

2）电容器用喷逐式熔断器的熔断指示牌位置应无异常，并与实际运行状态相符。

（4）跌落式熔断器。在巡视要求的情况下增加以下项目：

1）各接触点外观完好，静、动触头接触紧密，无过热现象。

2）安装在横担（构架）上应牢固可靠，无晃动或松动现象。

二、全面巡视

全面巡视在例行巡视的基础上增加以下项目：

（1）喷逐式熔断器。

1）同组别的熔断指示牌安装位置、角度应基本统一并符合说明书要求，有脱离原位置的情况须查找原因。

2）检查框架式电容器网门与熔断器之间的距离，不能在熔断器弹簧甩出时碰到网门。

（2）跌落式熔断器。检查熔断器的熔管应有向下 25°±2° 的倾角。

三、特殊巡视

（1）新投入的高压熔断器巡视。新投运高压熔断器应使用红外成像测温仪进行测温。

（2）异常天气时的巡视。

1）潮湿天气检查高压熔断器（尤其是户内）无凝露。

2）大风天气重点检查户外高压熔断器安装位置、角度等无变化，动、静触头的紧固件无松动现象，无异物搭挂。

3）雪后检查户外熔断器外表面无结冰、无影响绝缘水平的冰溜。

（3）过载时的巡视。站用变压器的负载超过允许的正常负载时，应对高压熔断器进行测温监视，并及时调整负荷分配。

模块三　高压熔断器操作与维护

一、红外热成像带电检测

（1）35～110kV 每 6 个月不少于 1 次检测，迎峰度夏前、迎峰度夏期间、迎峰度夏后各开展 1 次精确测温；新安装及检修重新投运后 1 周内不少于 1 次检测，迎峰度夏（冬）、大负荷、检修结束送电、保供电期间及必要时增加检测频次。

（2）检测范围为高压熔断器本体及各连接部位。

二、高压熔断器更换（不包括电容器喷逐式熔断器）

（1）更换前应退出可能误动的保护。

（2）更换前应拉开或取下电压互感器二次隔离开关或熔断器。

（3）更换前应拉开电压互感器一次隔离开关，手车式将手车拉至检修位置。

（4）更换前应测量熔断相并确认。

（5）更换前应检查电压互感器（TV）本体无异常。

（6）更换前应检查新电压互感器（TV）熔断器应完好，参数符合要求。

（7）更换应使用专用工具拆卸保险套管。

（8）更换后复原保险套管并拧紧，确认各连接部位接触良好。

（9）更换后应测量二次各相电压正常。

（10）户外高压熔断器更换过程中，登高作业应使用合格的绝缘梯，专人扶梯，登高者使用合格的安全带。

（11）户外高压熔断器更换过程中应使用扳手或螺丝刀拆卸无弹簧侧保险套管侧盖。

（12）户外高压熔断器更换过程可用手按住保险管，利用弹簧压力弹出保险管，如保险管已经破碎，需将套管两侧的侧盖全部拆除，使用工具将破碎保险管取出，并使用毛掸等工具将套管内残留碎片及石英清除后装入合格保险管。

模块四　高压熔断器典型故障和异常处理

一、熔断器熔体熔断

（1）现象。

1）熔断器熔体熔断、喷逐或跌落。

2）出现 TV 断线、电容器不平衡电压（电流）保护动作、变压器低压侧缺相等异常情况。

（2）处理原则。

1）TV、站用变压器封闭式高压熔断器熔断（TV 断线时）。

a）应退出可能误动的保护。

b）检查确定熔断相别。

c）根据调度命令停电并做好措施。

d）更换新熔体时，应检查额定值与被保护设备相匹配。

e）更换前后使用万用表测量熔断器阻值合格。

f）送电后测量 TV 二次电压正常，投入相应的保护。

g）更换后再次熔断不得试送，联系检修人员处理。

2）电容器喷逐式高压熔断器熔断（不平衡保护动作）。

a）根据调度命令停电并做好措施，注意逐台放电。

b）通知专业班组检查设备并处理问题。

c）验收合格后方可投入运行。

3）变压器跌落式熔断器熔断（低压侧缺相）。

a）应退出可能误动的保护。

b）检查确定熔断相别。

c）根据调度命令停电并做好措施。

d）更换新熔体时，应检查额定值与被保护设备相匹配。

e）更换前后使用万用表测量熔断器阻值合格。

f）更换新熔体时，要检查熔断管内部烧伤情况，如有严重烧伤，应同时更换熔管。

g）熔管内必须使用标准熔体，禁止用铜丝、铝丝代替熔体。

h）送电后投入相应的保护。

i）更换后再次熔断不得试送，联系检修人员处理。

二、过热

（1）现象。熔断器变色、温升异常。

（2）处理原则。

1）不同相别温差过大，更换过热相的高压熔断器。

2）电容器喷逐式熔断器温度超过 55℃需更换。

3）额定温升超过说明书规定值时需更换。

4）若更换后，过热相未消除，检查连接处是否接触不良，通知专业班组检查被保护设备。

三、熔断器本体故障

（1）现象。高压熔断器的外观出现裂纹、碎裂、断股等明显异常。

（2）处理原则。

1）封闭式熔断器瓷熔管损坏时，无论填充料是否泄漏，都必须更换熔断器。

2）喷逐式熔断器拉线断股时，可以只更换熔丝。

四、熔断器原件接触不良

（1）现象。被保护设备电压、电流等参数间断性异常，但未出现断线、缺相情况。

（2）处理原则。更换异常相别的高压熔断器。

第十二章 接地装置运行与维护

一、一般规定

（1）主设备及设备架构等应有两根与主地网不同干线连接的接地引下线。

（2）根据历次接地引下线导通、接地电阻测试结果，分析判断接地装置腐蚀程度，按规程要求期对接地网进行开挖检查。

（3）接地电阻测试结果不符合规定要求者，巡视设备时，应穿绝缘靴。

（4）禁止在雷雨天有雷电或被测物带电时进行接地导通、接地电阻检测工作。在进行接地导通及接地电阻测试工作时的环境温度湿度应满足规程要求。

（5）独立避雷针导通电阻大于低于 500mΩ时应进行校核测试，其他部分导通电阻大于50mΩ时应进行校核测试。

（6）变电站有土建施工及其他作业时，应防止外力破坏接地网，大型增容改造工程在工程结束前应对全站接地电阻进行测试，以判断新增电气设备接地是否对全站接地网运行有影响。

二、巡视

（1）例行巡视。

1）引向建筑物的入口处、设备检修用临时接地处的接地极黑色标识清晰可识别。

2）黄绿相间的色漆或色带标识清晰、完好。

3）接地引下线无松脱、锈蚀、伤痕和断裂，与设备及外壳构架应与接地网接触良好。

4）运行中的接地网无开挖及露出土层，地面无塌陷下沉。

5）原存在的缺陷是否有发展。

（2）全面巡视。全面巡视按照例行巡视执行。

（3）特殊巡视。

1）系统发生不对称短路故障后的巡视。

2）检查变压器中性点成套装置、接地开关及接地引下线有无烧蚀、伤痕、断股，以及接地保护动作情况。

3）雷雨后的巡视。雷雨过后，检查设备接地引下线有无烧蚀、伤痕、断股，接地端子是否牢固。重点检查避雷器、避雷针接地引下线。检查 BL 计数器有无动作。

4）洪水后的的巡视。洪水后，地网不得露出地面、发生破坏，接地引下线无变形、破损。

三、维护

（1）接地网开挖抽检。

1）新建接地网运行 10 年应开挖检查，以后每 5 年及必要时开挖检查。

2）检查接地体腐蚀情况及焊接点有无脱焊及接触不良。

（2）接地引下线维护。

1）接地引下线锈蚀，色标脱落、变色，应及时进行处理。

2）检查接地引下线连接螺栓、压接件。

（3）接地导通测试。

1）测试周期：独立避雷针每年 1 次；其他设备、设施，110（66）kV 变电站每 3 年 1 次，35kV 变电站每 4 年 1 次。应在雷雨季节前开展接地导通测试。

2）测试范围：各个电压等级的场区之间；各高压和低压设备，包括构架、端子箱、汇控箱、电源箱等设备引下线，主控楼及内部各接地干线，场区内和附近的通信及内部各接地干线，独立避雷针及微波塔与主接地网之间，其他必要部分与主接地网之间。

3）测试前应对基准点及被测点表面的氧化层进行处理。

四、典型故障和异常处理

（1）现象。

1）接地引下线连接螺栓、焊接部位松动，或存在烧伤、断裂、严重腐蚀。

2）接地导通测试值超标。

（2）处理原则。

1）检查接地引下线有无松动、腐蚀、烧伤。

2）若接地连接螺栓松动，应紧固或更换连接螺栓、压接件，加防松垫片。

3）若接地引下线烧伤、断裂、严重腐蚀，应联系检修人员处理。

4）若接地导通测试数据严重超标，且接地引下线连接部位无异常，应对接地网开挖检查。

5）检修处理完毕后，应进行接地导通测试。

第十四章 防误闭锁装置运行与维护

一、防误闭锁装置运行规定

为规范变电站防误闭锁装置使用管理，防止误操作事故的发生，依据安规及变电站现场运行规程规定，所有使用“五防”装置的人员必须先熟悉其原理、结构、性能、使用方法及日常维护，并严格执行防误闭锁装置解锁流程。

（1）防误闭锁装置的投入。

1）“五防”装置、锁具经验收合格投入运行后，应保持“五防”装置在投入运行状态，如无特殊情况不得退出。

2）“五防”锁具必须对应一、二次设备进行相应的编码，编码采用双重名称，电脑钥匙进行编号，智能钥匙管理机要设置管理全面密码，逐级授权。

3）“五防”装置的万能解锁钥匙一般不可使用，确因“五防”装置出现异常，已不能正常用电脑钥匙开锁时，需经值班长及以上级别人员同意，并将情况报告“五防”专责人，得到许可后，方可使用万能解锁钥匙进行解锁。平时应由值班长严格保管并锁入解锁盒内。使用解锁钥匙应有严格的规范的记录

4）“五防”装置应保证有可靠的接地，避免由于静电干扰导致“五防”装置的异常动作。

（2）装置的使用。

1）“五防”装置的核心部分为电脑钥匙或电脑（PC 机）。所有操作人员必须熟悉其原理、结构、性能、操作及维护。应根据“五防”装置提供的使用说明书进行操作。

2）操作人员使用装置前应经过培训及考核，合格后方可上岗操作。

3）在以电脑为核心的装置中，电脑应作为“五防”专用机，不得安装无关的软件，不得个人携带软盘或光盘在电脑上使用，特殊情况下确需在“五防”专用机上安装应用软件，必须征得值班长及以上级别人员同意并确认对“五防”装置的正常运行无影响后，方可安装，确保电脑设备正常运行。

4）电脑系统一般应接入变电站逆变电源或者配备 UPS 电源，防止电压过高或过低而损坏电脑，同时确保在站用电掉电情况下“五防”装置可正常运行。

5）“五防”装置正常运行时不能随意改变其各部件的连接关系，特殊情况下需要更改时必须征得运行单位管理人员的同意并确认对系统正常运行无影响。

6）电脑钥匙应经常保持电力充足，使用后应放回专用充电座上进行循环浮充电，并观察确已开始充电后，方可离开，该方式允许对钥匙进行长期充电。

7）“五防”装置应由指定的运行单位管理人员进行管理，运维站进行维护，并做好相应的维护记录。

8）“五防”装置在使用过程中，需及时将“五防”装置缺陷进行记录，并及时通过运行

单位管理人员向厂家反映，以便厂家分析异常原因及时进行维修。

9）模拟预演前，应检查电脑钥匙已可靠放入传送座上，并且电脑钥匙电源在开启状态，如模拟预演的时间过长，应再次手动开启电脑钥匙电源并将电脑钥匙可靠放入传送座上。

10）电脑钥匙在操作时要检查锁具编号和设备的一致性，再将钥匙插入锁体底部，且待电脑钥匙发出语音指令时再开启锁具或操作。

二、防误闭锁装置维护及异常解锁操作规定

（1）防误闭锁装置的检查与维护。

1）“五防”装置的检查与维护工作应由“五防”专责人员负责，应根据具体的情况制订详细的检查、维护计划。

2）“五防”装置的缺陷管理与现场主设备的缺陷管理相同。

3）每天操作人员应检查并记录装置的运行情况，保持装置整洁干净。

4）“五防”专责人员应定期每月检查装置的运行及使用情况，并记录。

5）经常保持装置的主控系统部分的放置位置环境清洁，室内相对干燥。

6）运维站操作巡视人员应每次操作巡视时检查并记录“五防”装置的户外有关设备（如户外锁具）有无积水、积尘、生锈等情况；巡视变电站户外所有机械锁具，检查机械锁具的防雨罩是否都盖好，对没有盖好防雨罩的锁具和遗失防雨罩的锁具进行及时的处理。

7）各运维站运维人员对“五防”机械锁应定期往锁孔里注机油，以保证其转动灵活，解锁顺利。户内机械锁应半年 1 次，户外机械锁应三个月 1 次，并用机械解锁钥匙对现场所有机械锁具进行解锁操作 1 次，使开锁灵活，对开锁不灵活的锁具进行维护或更换。

（2）防误闭锁装置的异常处理。

1）运维操作人员在使用装置过程中如发现异常情况并自行消除后，应做好记录并定期向站长汇报；如无法消除缺陷应及时通知单位管理人员进行及时协调处理。

2）装置发生严重故障导致无法运行，运维操作人员应立即向站长汇报并按相关规定申报装置退出运行，由站长及时通知运行单位管理人员协调厂家技术人员进场处理。装置退出运行，经修复正常需重新投入运行，必须得到运行单位管理人员的确认方可投入。

（3）防误闭锁装置万能钥匙解锁操作。

1）万能钥匙解锁操作规定。运维操作人员在变电站的倒闸操作应使用“五防”解锁操作，如装置异常，必须使用万能钥匙进行解锁操作时，必须汇报站长由站长授权后同意后方可进行，并填写“解锁钥匙使用记录”。

下列情况时允许使用解锁钥匙：

a）电脑钥匙接机械锁具损坏。

b）“五防”系统与后台监控机或传输适配器的通信中断。

c）“五防”软件不正常，不能进行操作演练。

d）闭锁装置本身存在缺陷，设备的正常操作无法进行时。

e）事故处理。

f）工作人员对检修设备进行调试工作。

g）使用解锁钥匙必须严格执行电气操作规定。

2）万能钥匙管理要求：

a）后台“五防”机光驱、USB 接口贴条封闭严禁使用，严禁使用通用登录密码，严禁“五防”机联网，或者下载安装与“五防”系统无关的软件通用登录账号删除。

b）任何情况下使用解锁钥匙对运行设备解锁操作，都应由操作人员在有监护情况下操作，严禁将解锁钥匙借给工作班非操作人员使用或者工作班以外人员使用。

c）使用解锁钥匙操作时，必须两人进行，应特别注意核对设备名称、调度编号及锁的编号，严格执行监护复诵制。

d）防误解锁钥匙应设置专用的钥匙箱并上锁。由值班长在操作结束后加锁，并每值对钥匙管理机进行巡视按班交接。检修试验工作必须使用万能解锁钥匙时，运行人员必须汇报站长并经运行中心领导批准后方能使用。

e）对防误解锁钥匙的使用应做好记录。写明使用时间、使用原因、使用人员、批准使用人员。

f）使用后的解锁钥匙必须放回解锁钥匙固定存放地点，如无专用解锁钥匙管理机，必须使用专用的钥匙盒并锁好进行封存。

第十五章

站用交流电源系统运行与维护

一、运行规定

（1）一般规定。

1）交流电源相间电压值应不超过额定电压的±5%，三相不平衡值应小于 10V。电流值不应超过额定值。如发现电压值过高或过低，应立即安排调整站用变压器分接头，三相负载应均衡分配。

2）两路不同站用变压器电源供电的负荷回路不得并列运行，站用交流环网严禁合环运行。

3）站用电系统重要负荷（如主变压器冷却系统、直流系统等）应采用双回路供电，且接于不同的站用电母线段上，并能实现自动切换。

4）切换不同电源点的站用变压器时，严禁站用变压器低压侧并列，严防造成站用变压器倒送电。

5）站用交流电源系统涉及拆动接线工作后，恢复时应进行核相。

6）站用变压器一次高压侧用熔丝做保护时，熔丝的容量及保护性能必须满足站用交流系统负荷的需求。

（2）交流电源屏（箱）。

1）交流电源屏内各级开关动、热稳定、开断容量和级差配合应配置合理，进线开关、联络开关和负荷开关应有定值单。

2）交流回路中的各级保险、快分开关容量的配合每年进行 1 次核对，并对快分开关、熔丝（熔片）逐一进行检查，不良者予以更换。

3）低压断路器因过载脱扣，应在冷却后方可合闸继续工作。

4）漏电保安器每季度应进行 1 次动作试验。

（3）UPS 交流不间断电源装置。运行中不得随意触动装置控制面板开、关机及其他按键。

（4）自动装置。

1）站用电切换及自动转换开关、备用电源自投装置动作后，应检查备自投装置的工作位置、站用电的切换情况是否正常，详细检查直流系统、UPS 系统、主变压器（高抗）冷却系统运行正常。

2）站用电正常工作电源恢复后，备用电源自投装置不能自动恢复正常工作电源的须人工进行恢复。手动切换只有在工作电源开关与备用电源开关唯一的情形下进行。

3）备自投装置闭锁功能应完善，确保不发生备用电源自投到故障元件上，造成事故扩大。

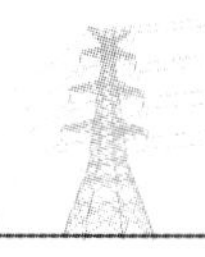

4）备自投装置母线失压启动延时应大于最长的外部故障切除时间。

（5）交流系统电力电缆。

1）站用变压器电力电缆、沟道，转角应至少 3 个月检查 1 次。

2）电缆头应随时保持清洁。

二、巡视

（1）例行巡视。

1）站用电运行方式正确，三相负荷平衡，各段母线电压正常。

2）低压母线进线断路器、分段断路器位置指示与监控机显示一致。

3）交流电源屏支路空气开关位置指示正确，低压熔断器无熔断。

4）交流电源屏电源指示灯、仪表显示正常。

5）交流电源屏元件标识正确，操作把手位置正确。

6）UPS 交流不间断电源装置面板、指示灯、仪表显示正常，无异常告警、无异常声响振动。

7）UPS 交流不间断电源屏空气开关位置指示正确，各部件无烧伤、损坏。

8）备自投装置充电状态指示正确，无异常告警。

9）自动转换开关（ATS）正常运行在自动状态。

10）原存在的设备缺陷是否有发展趋势。

（2）全面巡视。全面巡视在例行巡视的基础上增加以下项目：

1）屏柜内电缆孔洞封堵完好。

2）各引线接头无松动，接头线夹无过热、变色。

3）配电室温度、湿度、通风正常，照明及消防设备完好，防小动物措施完善。

4）门窗关闭严密，房屋无渗、漏水现象。

5）交直流自动切换装置正常，无异响。正常在交流电源位置。应定期强制切换试验。

（3）特殊巡视。

1）雨、雪天气的巡视。雨、雪天气，检查配电室无漏雨，户外电源箱无进水受潮情况。

2）雷电活动及系统过电压后的巡视。雷雨天气过后，检查交流负荷、断路器动作情况，UPS 不间断电源主机、从机浪涌保护器动作情况。

3）各支线开关跳闸后。支线开关跳闸后，检查母线电压、电流，交流负荷，空气开关。

4）夏季或过负荷的巡视。夏季或电力电缆最大负荷时，检查母线电压、电流，负荷三相平衡，电力电缆接头温度，电缆头有无流胶现象。

三、维护

（1）低压熔断器更换。

1）熔断器损坏，应查明原因并处理后方可更换。

2）应更换为同型号的熔断器，再次熔断不得试送，联系检修人员处理。

（2）消缺（故障）维护。

1）屏柜体维护要求及屏柜内照明回路维护要求参照本书端子箱部分相关内容。

2）指示灯更换要求参照本书油浸式变压器（电抗器）部分相关内容。

（3）红外检测。

1）必要时应对交流电源屏、UPS交流不间断电源屏等装置内部件进行检测。

2）重点检测屏内各进线开关、联络开关、馈线支路空气开关、熔断器、引线接头及电缆终端。

四、典型故障和异常处理

（1）站用交流母线全部失压。

1）现象。

a）监控系统发出保护动作告警信息，全部站用交流母线电源进线断路器跳闸，低压侧电流、功率显示为零。

b）交流配电屏电压、电流仪表指示为零，低压断路器失压脱扣动作，馈线支路电流为零。

2）处理原则。

a）检查系统失电引起站用电消失，拉开站用变压器低压侧断路器。

b）若有外接电源的备用站用变压器，投入备用站用变压器，恢复站用电系统。

c）汇报上级管理部门，申请使用发电车恢复站用电系统。

（2）站用交流一段母线失压。

1）现象。

a）监控系统发出站用变压器交流一段母线失压信息，该段母线电源进线断路器跳闸，低压侧电流、功率显示为零。

b）一段交流配电屏电压、电流仪表指示为零，低压断路器故障跳闸指示器动作，馈线支路电流为零。

2）处理原则。

a）检查站用变压器高压侧断路器无动作，高压熔丝无熔断。

b）检查站用变压器低压侧断路器确已断开，拉开故障段母线所有馈线支路空气开关，查明故障点并将其隔离。

c）合上失压母线上无故障馈线支路的备用电源开关（或并列开关），恢复失压母线上各馈线支路供电。

d）无法处理故障时，联系检修人员处理。

e）若站用变压器保护动作，按站用变压器故障处理。

f）母线失压造成直流充电装置交流电源消失时，应参照直流系统异常的相应内容处理。

（3）空气开关跳闸、熔丝熔断。

1）现象。馈线支路空气开关跳闸、熔丝熔断。

2）处理原则。

a）检查故障馈线回路，未发现明显故障点时，可合上空气开关或更换熔丝，试送一次。

b）试送不成功且隔离故障馈线后，或查明故障点但无法处理，联系检修人员处理。

（4）UPS 系统交流输入故障。

1）现象。

a）监控系统发出 UPS 装置市电交流失电告警。

b）UPS 装置蜂鸣器告警，市电指示灯灭，装置面板显示切换至直流逆变输出。

2）处理原则。

a）检查主机已自动转为直流逆变输出，主、从机输入、输出电压及电流指示是否正常。

b）检查 UPS 装置是否过载，各负荷回路对地绝缘是否良好。

c）联系检修人员处理。

（5）备自投装置异常告警。

1）现象。备自投装置发出闭锁、失电告警等信息。

2）处理原则。

a）检查备自投装置的交流采样和交流输入情况。

b）检查备自投装置告警是否可以复归，必要时将备自投装置退出运行，联系检修人员处理。

c）外部交流输入回路异常或断线告警时，如检查发现备自投装置运行灯熄灭，应将备自投装置退出运行。

d）备自投装置电源消失或直流电源接地后，应及时检查，停止现场与电源回路有关的工作，尽快恢复备自投装置的运行。

e）备自投装置动作且备用电源断路器未合上时，应在检查工作电源断路器确已断开，站用交流电源系统无故障后，手动投入备用电源断路器。

（6）自动转换开关自动投切失败。

1）现象。自动转换开关面板显示失电、闭锁等信息。

2）处理原则。

a）检查监控系统告警信息，检查自动转换开关所接两路电源电压是否超出控制器正常工作电压范围。

b）若自动转换开关电源灯闪烁，检查进线电源有无断相、虚接现象。

c）检查自动转换开关安装是否牢固，是否选至自动位置。

d）若自动转换无法修复，应采用手动切换。

e）若手动仍无法正常切换电源，应转移负荷，联系检修人员处理。

第十六章 辅助设施运行与维护

模块一 消 防 设 施

一、运行规定

（1）消防器材和设施应建立台账，并有管理制度。

（2）变电运维人员应熟知消防器具的使用和检查方法，熟知火警电话及报警方法。

（3）有结合本站实际的消防预案，消防预案内应有本站变压器类设备灭火装置、烟感报警装置和消防器材的使用说明。

（4）现场运行规程中应有变压器类设备灭火装置的操作规定。

（5）变电站应制订消防器材布置图，标明存放地点、数量和消防器材类型，消防器材按消防布置图布置；变电运维人员应会正确使用、维护和保管。

（6）消防器材配置应合理、充足，满足消防需要。

（7）消防沙池（箱）沙子应充足、干燥。

（8）消防用铲、桶、安全斧等应配备齐全，并涂红漆，以起警示提醒作用，对损坏的消防器材应上报及时补充。

（9）变电站火灾应急照明应完好、疏散指示标志应明显；变电运维人员掌握自救逃生知识和技能。

（10）穿越电缆沟、墙壁、楼板进入控制室、电缆夹层、控制保护屏等处电缆沟、洞、竖井应采用耐火泥、防火隔墙等严密封堵。

（11）设备区、开关室、主控室、休息室严禁存放易燃易爆及有毒物品。

（12）失效或使用后的消防器材必须立即搬离存放地点并及时上报补充。

（13）因施工需要放在设备区的易燃、易爆物品，应加强管理，并按规定要求使用，施工后立即运走。

（14）在变电站内进行动火作业，需要到主管部门办理动火（票）手续，并采取安全可靠的措施，动火执行人具备相关从业资格证。

（15）现场消防设施不得随意移动或挪作他用。

二、巡视

（1）例行巡视。

1）防火重点部位禁止烟火的标志清晰、无破损、脱落；安全疏散指示标志清晰、无破损、脱落；安全疏散通道照明完好、充足。

2）消防通道畅通，无阻挡；消防设施周围无遮挡，无杂物堆放。

3）灭火器外观完好、清洁，罐体无损伤、变形，配件无破损、松动、变形。

4）消防箱、消防桶、消防铲、消防斧完好、清洁，无锈蚀、破损。

5）消防沙池完好，无开裂、漏沙。

6）消防室清洁，无渗、漏雨；门窗完好，关闭严密。

7）室内外消防栓完好，无渗漏水；消防水带完好、无变色。

8）火灾报警控制器各指示灯显示正常，无异常报警。

9）火灾自动报警系统触发装置安装牢固，外观完好；工作指示灯正常。

10）排油充氮灭火装置。

a）控制屏各指示灯显示正确，无异常及告警信号，工作状态正常。

b）手动启动方式按钮防误碰措施完好。

c）火灾探测器、法兰、管道、支架和紧固件无变形、损伤、防腐层完好。

d）断流阀、充氮阀、排油阀、排气塞等位置标识清晰、位置正确，无渗漏。

e）消防柜红色标记醒目，设备编号、标识齐全、清晰、无损坏。

f）消防柜无锈迹、污物、损伤。

11）气体灭火装置。

a）灭火剂贮存容器、选择阀、液体单向阀、高压软管、集流管、阀驱动装置、管网、喷嘴等外观正常，无变形、损伤。

b）各部件表面无锈蚀，保护涂层完好、铭牌清晰。

c）手动操作装置的保护罩、铅封和安全标志完整；感温电缆完好。

（2）全面巡视。在例行巡视的基础上增加以下项目：

1）灭火器检验不超期，生产日期、试验日期符合规范要求，合格证齐全；灭火器压力正常。

2）电缆沟内防火隔墙完好，墙体无破损，封堵严密。

3）火灾自动报警系统备用电源正常，能可靠切换。

4）火灾自动报警系统自动、手动报警正常；火灾报警联动正常。

三、维护

（1）防火封堵检查维护。

1）每月对防火封堵检查维护 1 次。

2）当发现封堵损坏或破坏后，应及时用防火堵料进行封堵。

3）封堵维护时防止对电缆造成损伤。

4）封堵后，检查封堵严实，无缝隙、美观，现场清洁。

（2）消防沙池补充、灭火器检查清擦维护。

1）每月对消防器材进行 2 次检查维护。

2）补充的沙子应干燥。

3）发现灭火器压力低于正常范围时，及时更换合格的灭火器。

4）灭火器的表面保持清洁。

（3）消防系统主机除尘、电源等附件维护。

1）每季度对消防系统主机除尘、电源等附件维护 1 次。

2）清扫时动作要轻缓，防止损坏部件。

3）清扫后，应对各部件进行检查，防止接触不良，影响正常使用。

4）更换插头、插座、空气开关时，更换前应切断回路电源。

5）更换配件应使用同容量的备品。

6）更换后应检查其完好性。

四、典型故障和异常处理

（1）火灾报警控制系统动作。

1）现象。

a）变电站消防告警总信号发出。

b）警报音响发出。

2）处理原则。

a）火灾报警控制系统动作时，立即派人前往现场确认是否有火情发生。

b）根据控制器的故障信息或打印出的故障点码查找出对应的火情部分，若确认有火情发生，应根据情况采取灭火措施。必要时，拨打 119 报警。

c）检查对应部位并无火情存在，且按下“复位”键后不再报警，可判断为误报警，加强对火灾报警装置的巡视检查。若按下“复位”键，仍多次重复报警，可判断为该地址码相应回路或装置故障，应将其屏蔽，及时维修。

d）若不能及时排除的故障，应联系专业人员处理。

（2）火灾报警控制系统故障。

1）现象。

a）变电站消防告警总信号发出。

b）警报音响发出。

2）处理原则。

a）火灾报警控制系统动作时，立即派人前往现场检查确认故障信息。

b）当报主电故障时，应确认是否发生主供电源停电。检查主电源的接线、熔断器是否发生断路，备用电源是否已切换。

c）当报备电故障时，应检查备用电池的连接接线。当备用电池连续工作时间超过 8h 后，也可能因电压过低而报备电故障。

d）若系统装置发生异常的声音、光指示、气味等情况时，应立即关闭电源，联系专业人员处理。

（3）控制电源异常处理。

1）现象。控制电源异常处理。

2）处理原则。当发现灭火装置的控制电源异常时，应检查控制电源空气开关是否跳闸；控制电源回路是否短路；排除故障后，恢复正常运行；若无法排除故障，则联系专业人员处理。

模块二　安　防　设　施

一、运行规定

（1）应有安防系统的专用规程。

（2）安防系统设备标识、标签齐全、清晰。

（3）遇有大风、大雪、大雾等恶劣天气，要对室外安防系统进行特巡，重点检查报警器等设备运行情况。

（4）遇有特殊重要的保供电和节假日应增加安防系统的巡视次数。

（5）巡视设备时应兼顾安全保卫设施的巡视检查。

（6）应了解、熟悉变电站的安防系统的正常使用方法。

（7）无人值守变电站防盗报警系统应设置成布防状态。

（8）无人值守变电站的大门正常应关闭、上锁。

（9）定期清理影响电子围栏正常工作的树障等异物。

二、巡视

（1）视频监控巡视。

1）例行巡视。

a）视频显示主机运行正常、画面清晰、摄像机镜头清洁，摄像机控制灵活，传感器运行正常。

b）视频主机屏上各指示灯正常，网络连接完好，交换机（网桥）指示灯正常。

c）视频主机屏内的设备运行情况良好，无发热、死机等现象。

d）视频系统工作电源及设备正常，无影响运行的缺陷。

e）摄像机安装牢固，外观完好，方位正常。

2）全面巡视。在例行巡视的基础上增加以下项目：

a）摄像机的灯光正常，旋转到位，雨刷旋转正常。

b）信号线和电源引线安装牢固，无松动及风偏。

c）视频信号汇集箱无异常，无元件发热，封堵严密，接地良好，标识规范。

d）摄像机支撑杆无锈蚀，接地良好，标识规范。

e）发现安防设施存在异常时及时上报处理。

（2）防盗报警系统巡视。

1）例行巡视。

a）电子围栏报警主控制箱工作电源应正常，指示灯正常，无异常信号。

b）电子围栏主导线架设正常，无松动、断线现象，主导线上悬挂的警示牌无掉落。

c）围栏承立杆无倾斜、倒塌、破损。

d）红外对射或激光对射报警主控制箱工作电源应正常，指示灯正常，无异常信号。

e）红外对射或激光对射系统电源线、信号线连接牢固。

f）红外探测器或激光探测器支架安装牢固，无倾斜、断裂，角度正常，外观完好，指示灯正常。

g）红外探测器或激光探测器工作区间无影响报警系统正常工作的异物。

2）全面巡视。在例行巡视的基础上增加以下项目：

a）电子围栏报警、红外对射或激光对射报警装置报警正常；联动报警正常。

b）电子围栏各防区防盗报警主机箱体清洁、无锈蚀、无凝露。标牌清晰、正确，接地、封堵良好。

c）红外对射或激光对射系统电源线、信号线穿管处封堵良好。

（3）门禁系统巡视。

1）例行巡视。

a）读卡器防尘、防水盖完好，无破损、脱落。

b）电源工作正常。

c）开关门声音正常，无异常声响。

d）电控锁指示灯正常。

e）开门按钮正常，无卡涩、脱落。

f）附件完好，无脱落、损坏。

2）全面巡视。在例行巡视的基础上增加以下项目：

a）远方开门正常，关门可靠。

b）读卡器及按键密码开门正常。

c）主机运行正常，各指示灯显示正常，无死机现象，报警正常。

三、维护

（1）安防系统主机除尘、电源等附件维护。对安防系统主机除尘、电源等附件的维护要求参照本书消防系统主机除尘、电源等附件维护部分相关内容。

（2）安防系统报警探头、摄像头启动、操作功能试验，远程功能核对维护。

1）每季对安防系统报警探头、摄像头启动、操作功能试验、远程功能核对维护。

2）对监控系统、红外对射或激光对射装置、电子围栏进行试验，检查报警功能正常，报警联动正常。

3）摄像头的灯光、雨刷旋转、移动、旋转试验正常、图像清晰。

4）在对电子围栏主导线断落连接、承立杆歪斜纠正维护时，应先断开电子围栏电源。

四、典型故障和异常处理

（1）电子围栏主机发告警信号。

1）现象。

a）变电站防盗装置报警告警信号发出。

b）报警音响信号发出。

2）处理原则。

a）防盗装置报警动作时，立即派人前往现场检查是否有人员入侵痕迹。

b）若为人员入侵造成的报警，核查是否有财产损失，同时汇报上级管理部门。

c）若无人员入侵，根据控制箱显示的防区，检查电子围栏有无断线、异物搭挂，按“消音”键中止警报声。

d）若是围栏断线造成的报警，断开电子围栏电源，将断线处重新接好，调整围栏线松紧度，再合上电子围栏电源。

e）若为异物造成的告警，清除异物，恢复正常。

f）若检查无异常，确认是误发信号，又无法恢复正常，联系专业人员处理。

（2）电子围栏主机不工作或无任何显示。

1）现象。电子围栏主机不工作或无任何显示。

2）处理原则。

a）应检查主机电源是否正常，回路是否断线松动，主机是否损坏。

b）若无法恢复正常，联系专业人员处理。

（3）红外对射报警。

1）现象。

a）变电站防盗装置报警告警信号发出。

b）报警音响信号发出。

2）处理原则。

a）防盗装置报警动作时，立即派人前往现场检查是否有人员入侵痕迹。

b）若为人员入侵造成的报警，核查是否有财产损失，同时汇报上级管理部门。

c）根据控制箱显示的防区，检查报警区域两个探头之间有无异物阻断遮挡，按“消音”键中止警报声。

d）若无异物，复归报警即可。

e）若有异物，立即清除。

f）若属于误报，不能恢复正常，联系专业人员处理。

（4）视频监控主机无图像显示，无视频信号。

1）现象。视频监控主机无图像显示，无视频信号。

2）处理原则。

a）检查电源、变压器、电源线及回路等是否正常。

b）检查显示器、主机是否正常工作。

c）检查交换机是否正常工作，数据线是否脱落。

d）不能恢复正常，联系专业人员处理。

（5）视频监控云台、高速球无法控制、控制失灵。

1）现象。视频监控云台、高速球无法控制、控制失灵。

2）处理原则。

a）应检查设备有无明显损坏，回路是否完好。

b）断合故障摄像机的电源，重启视频系统主机。

c）故障仍没有消除，联系专业人员处理。

模块三　防　汛　设　施

一、运行规定

（1）雨季来临前对可能积水的地下室、电缆沟、电缆隧道及场区的排水设施进行全面检查和疏通，做好防进水和排水措施。

（2）应每年组织修编结合本站实际的运维站变电站防汛应急预案和措施，汛前定期组织防汛演练。

（3）防汛物资配置、数量、存放符合要求。

二、巡视

（1）例行巡视。

1）潜水泵、塑料布、塑料管、沙袋、铁锹完好。

2）应急灯处于良好状态，电源充足，外观无破损。

3）站内地面排水畅通、无积水。

4）站内外排水沟（管、渠）道应完好、畅通，无杂物堵塞。

5）变电站各处房屋无渗漏，各处门窗完好；关闭严密。

6）集水井（池）内无杂物、淤泥，雨水井盖板完整，无破损，安全标识齐全。

7）防汛通信与交通工具完好。

（2）全面巡视。在例行巡视的基础上增加以下项目：

1）防汛器材检验不超周期，合格证齐全。

2）变电站屋顶落水口无堵塞；落水管固定牢固，无破损。

3）站内所有沟道、围墙无沉降、损坏。

4）水泵运转正常（包括备用泵），主备电源、手自动切换正常。控制回路及元器件无过热，指示正常。

5）变电站内外围墙、挡墙和护坡有无异常，无开裂、坍塌。

6）变电站围墙排水孔护网完好，安装牢固。

（3）特殊巡视。大雨前后检查以下项目：

1）地下室、电缆沟、电缆隧道排水畅通，无堵塞，设备室潮气过大时做好通风除湿。

2）变电站围墙外周边沟道畅通，无堵塞。

3）变电站房屋无渗漏、无积水；下水管排水畅通，无堵塞。

4）变电站围墙、挡墙和护坡有无异常。

三、维护

（1）电缆沟、排水沟、围墙外排水沟维护。

1）在每年汛前应对水泵、管道等排水系统、电缆沟（或电缆隧道）、通风回路、防汛设备进行检查、疏通，确保畅通和完好通畅。

2）对于破坏、损坏的电缆沟、排水沟，要及时修复。

（2）水泵维护。

1）每年汛前对污水泵、潜水泵、排水泵进行启动试验，保证处于完好状态。

2）对于损坏的水泵，要及时修理、更换。

四、典型故障和异常处理

（1）排水沟堵塞，站内排水不通畅。

1）现象。排水沟堵塞，站内排水不通畅。

2）处理原则。

a）清除排水沟内杂物，使排水沟道畅通。

b）排水沟损坏，及时修复。

（2）站内外护坡坍塌、开裂、围墙变形、开裂、房屋渗漏等。

1）现象。站内外护坡坍塌、开裂、围墙变形、开裂、房屋渗漏。

2）处理原则。

a）应将损坏情况及时汇报上级管理部门。

b）对运行设备造成影响的，应采取临时应急措施。

c）在问题没有解决前，应对损坏情况加以监视，及时将发展情况汇报上级管理部门。

模块四　采暖、通风、制冷、除湿设施

一、运行规定

（1）采暖、通风、制冷、除湿设施参数设置应满足设备对运行环境的要求。

（2）根据季节天气的特点，调整采暖、通风、制冷、除湿设施运行方式。

（3）定期检查采暖、通风、制冷、除湿设施是否正常。

二、巡视

（1）例行巡视。

1）采暖器洁净完好，无破损，输暖管道完好，无堵塞、漏水。

2）电采暖工作正常，无过热、异味、断线。

3）空调室内、外机外观完好，无锈蚀、损伤；无结露或结霜；标识清晰。

4）空调、除湿机运转平稳、无异常振动声响；冷凝水排放畅通。

5）风机外观完好，无锈蚀、损伤；标识清晰。

（2）全面巡视。在例行巡视的基础上增加以下项目：

1）通风口防小动物措施完善，通风管道、夹层无破损，隧道、通风口通畅，排风扇扇叶中无鸟窝或杂草等异物。

2）空调、除湿机内空气过滤器（网）和空气热交换器翅片应清洁、完好。

3）空调、除湿机管道穿墙处封堵严密，无雨水渗入。

4）风机电源、控制回路完好，各元器件无异常。

5）风机安装牢固，无破损、锈蚀。叶片无裂纹、断裂，无擦刮。

6）空调、除湿机控制箱、接线盒、管道、支架等安装牢固，外表无损伤、锈蚀。

7）空调、除湿机室内、外机安装应牢固、可靠，固定螺栓拧紧。

三、维护

（1）通风系统维护。

1）每月进行1次站内通风系统的检查维护。

2）检查风机运转正常、无异常声响，空调开启正常、排水通畅、滤网无堵塞。

3）通风管道、夹层、隧道、通风口进行检查，保证通风口通畅无异物。

4）及时修理、更换损坏的风机。

（2）风机维护。

1）若出现风机不转，应检查风机电源是否正常；控制开关是否正常。

2）若更换电机，应更换同功率的电机。

3）更换电机前，应将回路电源断开。

4）拆除损坏电机接线时，应做好标记。

5）更换电机后，检查电机应安装牢固，运行正常，无异常声响。

四、典型故障和异常处理

（1）风机不转。

现象：风机不转。

处理原则：

1）应检查是否有异物卡涩，清除异物，恢复风机正常运转。

2）检查风机电源、控制开关是否正常。

3）若控制开关损坏，需断开风机电源进行更换。

4）若电机本身故障，应更换电机。

（2）空调、除湿机不工作。

现象：空调、除湿机不工作。

处理原则：

1）应检查工作电源是否正常。

2）当出现异常停机时，重新开启空调、除湿机。

3）若无法使故障排除，应联系专业人员处理。

模块五　给排水系统

一、 运行规定

（1）冬季来临前应做好给排水系统室内外设备防冻保温工作。

（2）变电站各类建筑物为平顶结构时，定期对排水口进行清淤，雨季、大风天气前后增加特巡，以防淤泥、杂物堵塞排水管道。

（3）定期对水池、水箱进行维修养护，若遇特殊情况可增加清洗次数。

（4）水泵工作应无异常声响或大的振动，轴承的润滑情况良好，电机无异味。

（5）站内给水池、水塔、水箱等生活卫生储水设施容量充足，应定期检查水量并及时补充。

二、巡视

（1）例行巡视。

1）水泵房通风换气情况良好，环境卫生清洁。

2）给排水设备阀门、管道完好，无跑、冒、滴、漏现象；寒冷地区，保温措施齐全。

3）水池、水箱水位正常，相关连接的供水管阀门状态正常。

4）场地排水畅通，无积水。

5）站内外排水沟（管、渠）道完好、畅通，无杂物堵塞。

（2）全面巡视。在例行巡视的基础上增加以下项目：

1）水泵运转正常（包括备用泵），主备电源、手自动切换正常。

2）水泵控制箱关闭严密，控制柜无异常，表计或指示灯显示正确。

3）集水井（池）、雨水井、污水井、排水井内无杂物、淤泥，无堵塞。

4）房屋屋顶落水口无堵塞；落水管固定牢固，无破损。

5）给排水管道支吊架的安装平整、牢固，无松动、锈蚀。

6）各水井的盖板无锈蚀、破损、盖严，安全标识齐全。

7）电缆沟内过水槽排水通畅、沟内无积水，出水口无堵塞。

8）围墙排水孔护网完好，安装牢固。

三、维护

（1）电缆沟、排水沟、围墙外排水沟维护。对电缆沟、排水沟、围墙外排水沟维护要求参照本书防汛部分对电缆沟、排水沟、围墙外排水沟维护的相关内容。

（2）污水泵、潜水泵、排水泵维护。对给排水污水泵、潜水泵、排水泵的维护要求参照本节防汛部分对污水泵、潜水泵、排水泵维护的相关内容。

四、典型故障和异常处理

（1）工作水泵停止工作。

现象：工作水泵停止工作。

处理原则：

1）应先检查水泵电源是否正常，回路是否异常。

2）若无电源，手动投入备用电源。

3）若电源正常，则可能水泵故障，手动投入备用泵。

4）联系专业人员修理故障泵。

（2）阀门接头漏水。

现象：阀门或接头漏水。

处理原则：

1）检查阀门或接头是否松动，用工具紧固。

2）若是阀门或接头损坏，关闭总阀门，更换阀门或接头。

（3）地漏堵塞不通。

现象：地漏堵塞不通。

处理原则：

1）可先用专用工具试通。

2）若仍不能疏通，联系专业人员修理。

模块六　照　明　系　统

一、运行规定

（1）变电站室内工作及室外相关场所、地下变电站均应设置正常照明；应该保证足够的亮度，照明灯具的悬挂高度应不低于 2.5m，低于 2.5m 时应设保护罩。

（2）室外灯具应防雨、防潮、安全可靠，设备间灯具应根据需要考虑防爆等特殊要求。

（3）在控制室、保护室、开关室、GIS 室、电容器室、电抗器室、消弧线圈室、电缆室应设置事故应急照明，事故照明的数量不低于正常照明的 15%。

（4）在电缆室、蓄电池室应使用防爆灯具，开关应设在门外。

（5）定期对带有漏电保护功能的空气开关测试。

二、巡视

（1）例行巡视。

1）事故、正常照明灯具完好，清洁，无灰尘。

2）照明开关完好；操作灵活，无卡涩；室外照明开关防雨罩完好，无破损。

3）照明灯具、控制开关标识清晰。

（2）全面巡视。在例行巡视的基础上增加以下项目：

1）照明灯杆完好；灯杆无歪斜、锈蚀，基础完好，接地良好。

2）照明电源箱完好，无损坏；封堵严密。

三、维护

（1）每季度对室内外照明系统维护 1 次。

（2）每季度对事故照明试验 1 次。

（3）需更换同规格、同功率的备品。

（4）更换灯具、照明箱时，需断开回路的电源。

（5）更换灯具、照明箱后，检查工作正常。

（6）拆除灯具、照明箱接线时，做好标记。

（7）更换室外照明灯具时，要注意与高压带电设备保持足够的安全距离。

四、典型故障和异常处理

（1）灯具、照明箱损坏。

现象：灯具、照明箱损坏。

处理原则：

1）在拆除损坏灯具、照明箱回路前，核实并断开灯具、照明箱回路电源。

2）确认无电压后拆除灯具、照明箱回路接线，并做好标记。

3）更换灯具、照明箱后，按照标记恢复接线，投入回路电源，检查工作正常。

（2）照明开关、电源开关损坏。

处理原则：

1）在拆除照明开关、电源开关损坏回路前，核实并断开照明箱回路上级电源。

2）确认无电压后拆除照明开关、电源开关回路接线，并做好标记。

3）更换照明开关、电源开关后，按照标记恢复接线，投入回路电源，检查工作正常。

附录A 标准化作业指导目录

项目	序号	运维项目	方式	周期				备注
				年度	半年	季度	月度	
维护项目	1	事故油池通畅检查	标准化作业指导	5年				
	2	阀控密封蓄电池组的核对性充放电	标准化作业指导	●				
	3	直流系统中的备用充电机（备用充电模块）启动试验	记录		●			
	4	变电站内的备用站用变压器（一次侧不带电）试验，每次带电运行不少于24h	记录		●			
	5	UPS系统每半年试验	标准化作业指导		●			
	6	配电箱、检修电源箱每半年检查、维护	标准化作业指导		●			
	7	电缆沟清扫	标准化作业指导	●				
	8	接地螺栓及接地标志维护	记录		●			
	9	微机防误装置及其附属设备（电脑钥匙、锁具、电源等）维护、除尘、逻辑校验	标准化作业指导		●			
	10	局部放电试验	标准化作业指导	●				
	11	防汛物资、设施在每年汛前进行全面检查、补充和试验	标准化作业指导记录	●				（1）根据防汛物资情况编写。（2）台账
	12	一次设备清扫工作坚持“逢停必扫”原则，结合计划检修工作同时开展	标准化作业指导					根据停电安排
	13	视频安防设施维护	标准化作业指导			●		
	14	消防设施维护	标准化作业指导			●		
	15	变电站事故照明系统试验检查	标准化作业指导			●		
	16	室内、外照明系统维护	标准化作业指导			●		
	17	漏电保护器试验	记录			●		
	18	对通风系统的风机，应试验运行	标准化作业指导			●		
	19	站用交流电源系统的备自投装置应每季度切换检查1次	标准化作业指导			●		
	20	变压器铁心夹件接地电流测试	标准化作业指导			●		
	21	机构箱、端子箱等的加热器及照明维护	标准化作业指导			●		
	22	二次设备清扫、各类孔洞检查封堵	标准化作业指导			●		
	23	在线监测装置维护	标准化作业指导			●		

续表

项目	序号	运维项目	方式	周期				备注
				年度	半年	季度	月度	
维护项目	24	室内 SF_6 告警仪检查维护	标准化作业指导			●		
	25	主变压器冷却电源自投功能试验	标准化作业指导			●		根据实际情况编写
	26	备品备件检查	记录			●		
	27	安全工器具检查	标准化作业指导				●	
	28	防小动物设施维护	标准化作业指导				●	
	29	消防器材维护	标准化作业指导				●	
	30	排水、通风、空气调节系统维护	标准化作业指导				●	
	31	避雷器动作次数、泄漏电流抄录每月 1 次，雷雨后增加 1 次	记录				●	根据实际情况编写
	32	高压带电显示装置每月检查维护	标准化作业指导				●	
	33	SF_6 气压及充油设备检查	标准化作业指导				●	
	34	全站各装置、系统时钟核对	标准化作业指导				●	根据实际情况编写
	35	差动保护、差流查看检查	记录				●	
	36	单只蓄电池电压测量	标准化作业指导				●	
	37	精确节点测温	标准化作业指导				●	
	38	特巡接点测温	标准化作业指导				●	
	39	变电站内的备用主变压器（一次侧不带电）应启动试验 1 次，每次带电运行不少于 24h	记录				●	
	40	电力电缆进出线、电容器电缆检查	记录				●	
设备巡视	41	变电站高压室巡视	标准化作业指导					
	42	变电站户外设备巡视	标准化作业指导					
	43	变电站主变压器巡视	标准化作业指导					
	44	变电站主控室巡视	标准化作业指导					
	45	变电站大风巡视	标准化作业指导					

附录B 年度维护项目标准化作业指导

附录B.1 变压器事故油池通畅检查标准化作业指导

一、工作任务

变电站名称		作业地点和内容	
日　期		天气、温度/湿度	℃/　%
作业负责人		作业人员	
开始时间		结束时间	

二、作业准备

序号	作业项目	工作内容和要求	
1	班前会	（1）进行变压器事故油池通畅检查作业任务派发和人员分工，指定×××为作业负责人（监护人），针对该项工作指派的作业人员应具有一定工作经验。 （2）指定×××负责准备、检查必备的工器具完好性。 （3）由负责人：×××明确作业的危险点和预控措施，检查、提醒作业班成员携带好个人防护用品	责任人签字
2	工器具、仪器仪表准备	（1）由责任人×××确认应携带的：铁锹、编织袋等必备工器具齐备。 （2）检查储油池格栅、备用鹅卵石、抹布等备品备件齐备。 （3）向作业负责人汇报上述工作	责任人签字

三、作业阶段

序号	作业项目	作业内容和要求	
1	列队宣读作业内容和要求	再次明确作业内容、作业要求及危险点与预控措施，检查作业班成员工装和个人防护用品佩戴规范整齐，个人状态良好，对交代的内容进行提问，确认作业班成员对所交代的内容都已经掌握	责任人签字
2	变压器事故油池通畅检查	**作业要求：** （1）变电运维人员进行变压器事故油池通畅检查时应至少由两人以上进行，必须与带电设备保持足够的安全距离（110kV 不小于1.5m、35kV 不小于 1m、10kV 不小于 0.7m）。 （2）在指定的地点或区域内作业，操作人员必须戴线手套、穿绝缘鞋、着工作服、戴安全帽，作业期间作业负责人不得擅自离开现场。 **作业步骤：** （1）清理储油池内事故排油池入口处周边的鹅卵石。 （2）清理事故排油池入口格栅处的杂物，保持畅通。 （3）清理储油池内的其他杂物，检查变压器事故油池管路无堵塞。 （4）恢复储油池内事故排油池入口处周边的鹅卵石。 （5）清理现场，搞好文明生产	**危险点：**作业过程中造成人员轻伤。 **控制措施：** （1）作业期间监护人提醒作业人员时刻注意安全，使用耐磨线手套。 （2）监护人认真监护，作业人员不得脱离监护人视线作业
3	结束阶段	（1）现场自查作业结果，进行评估，发现问题立即整改。 （2）将作业结果记入维护记录中，履行签字手续	责任人签字

附录 B.2　直流电源蓄电池核对性充放电标准化作业指导

一、工作任务

变电站名称		作业地点和内容	
日　　期		天气、温度/湿度	℃/　　%
作业负责人		作业人员	
开始时间		结束时间	

二、作业准备

序号	作业项目	工作内容和要求	
1	班前会	（1）进行直流电源蓄电池核对性充放电作业任务派发和人员分工，指定×××为作业负责人（监护人），指派的作业班成员应为经过专业培训、熟悉相关工作且具有一年以上工作经验的人员。 （2）指定×××负责准备、检查必备的工器具完好性。 （3）由负责人×××明确作业的危险点和预控措施，检查、提醒作业班成员携带好个人防护用品	责任人签字
2	工器具、仪器仪表准备	（1）由责任人×××确认应携带的：放电仪、数字 4 位半数字万用表、组合工具、温度计等必备工器具齐备。 （2）检查所有工器具、安全防护用具处于良好状态。 （3）向作业负责人汇报上述工作	责任人签字

三、作业阶段

序号	作业项目	作业内容和要求	
1	列队宣读作业内容和要求	再次明确作业内容、作业要求及危险点与预控措施，检查作业班成员工装和个人防护用品佩戴规范整齐，个人状态良好，对交代的内容进行提问，确认作业班成员对所交代的内容都已经掌握	责任人签字
2	直流电源蓄电池核对性充放电	**作业要求：** 变电运维人员进行直流电源蓄电池核对性充放电时应至少由两人以上进行，在指定的地点或区域内作业，操作人员必须戴线手套、穿绝缘鞋、着工作服、戴安全帽，调酸时还应穿防酸服、戴护目眼睛，作业期间作业负责人不得擅自离开现场。 **作业步骤：** （1）检查运行中的蓄电池电压、电流、浮充电流、浮充电压、温度、比重正常。 （2）检查负荷电流，确定充放电方式（装有两组蓄电池的可按 100%放电，只装有一组蓄电池的只可放电 50%）。 （3）对于 50%充放电应断开交流电源，确定负荷电流，计算放电电流（以 10h 放电率确定放电电流）；确定终止电压，然后，启动放电仪开始放电。 （4）对于 100%放电以 10h 放电率确定放电电流；确定终止电压，然后，启动放电仪开始放电。 （5）待放电仪自动终止测试时，记录时间、温度，静止 2h 后测量终止电压并记录。 （6）启动充电装置对蓄电池组进行整组充电。 （7）连续充电 13h 后静止 24h。 （8）测量充电后的所有单体电瓶及整组端电压并记录。 （9）按《现场运行规程》将蓄电池投入浮充电方式运行。 （10）清理现场	**危险点：**造成蓄电池短路。 **控制措施：** （1）作业前提醒作业人员使用绝缘工具。 （2）监护人认真监护，作业人员不得脱离监护人视线作业
3	结束阶段	（1）现场自查作业结果，进行评估，发现问题立即整改。 （2）将作业结果记入维护记录中，履行签字手续	责任人签字

附录 B.3　变电站直流系统中的备用充电机启动试验标准化作业指导

一、维护周期

长期停用的备用充电机应每半年进行启动试验。

二、维护要求

（1）注意事项。

1）长期停用的备用充电机应每半年进行 1 次启动试验。

2）直流母线在正常运行和改变运行方式的操作中，严禁发生直流母线无蓄电池组的运行方式。

3）在检修结束恢复运行时，应先合交流侧断路器，再带直流负荷。

4）充电装置加入运行后，应检查无其他异常及告警信号，充电装置交流输入电压、直流输出电压和电流正常，充电模块运行正常，风扇正常运转，无明显噪声或异常发热。

（2）数据异常处理流程。

1）维护工作中若发现异常情况及缺陷、隐患，维护人员应做好记录并立即向运维班负责人汇报，说明发现时间、异常内容及现场其他情况，根据运维班负责人指示处理。

2）若发现影响设备运行的危急缺陷，应立即向相关调度汇报，申请将设备停电消缺。

三、工作任务

变电站名称		作业地点和内容	
日　　期		天气、温度/湿度	℃/　　%
作业负责人		作业人员	
开始时间		结束时间	

四、作业记录

发现问题		处理情况
1		
2		
3		
遗留问题		解决建议
1		
2		
3		

附录 B.4　站用电系统定期切换试验标准化作业指导

一、工作任务

变电站名称		作业地点和内容	
日　　期		天气、温度/湿度	℃/　　%
作业负责人		作业人员	
开始时间		结束时间	

二、作业准备

序号	作业项目	工作内容和要求	
1	班前会	（1）进行站用电系统定期切换试验作业任务派发和人员分工，指定×××为作业负责人（监护人），指定的作业班成员应为熟悉站用电系统定期切换试验且具有一年以上工作经验的人员。 （2）由负责人×××明确作业的危险点和预控措施，检查、提醒作业班成员携带好个人防护用品	责任人签字
2	工器具、仪器仪表准备	此工作无需工器具、仪器、仪表	责任人签字

三、作业阶段

序号	作业项目	作业内容和要求	
1	列队宣读作业内容和要求	再次明确作业内容、作业要求及危险点与预控措施，检查作业班成员工装和个人防护用品佩戴规范整齐，个人状态良好，对交代的内容进行提问，确认作业班成员对所交代的内容都已经掌握	责任人签字
2	站用电系统定期切换试验	**作业要求：** 变电运维人员进行站用电系统定期切换试验时应至少由两人以上进行，必须与带电设备保持足够的安全距离（110kV 不小于 1.5m、35kV 不小于 1m、10kV 不小于 0.7m），在指定的地点或区域内作业，操作人员必须戴线手套、穿绝缘鞋、戴安全帽、着工作服，作业期间作业负责人不得擅自离开现场。 **作业步骤：** （1）确认作业地点和设备。 （2）拉开运行站用变压器二次电源开关。 （3）观察备用站用变压器电源自动切换正常（或手动合上备用站用变压器二次电源开关）。 （4）拉开自动合闸后的站用变压器电源，观察备用站用变压器电源自动切换正常（或手动合上备用站用变压器二次电源开关）。 （5）按现场运行规程要求恢复正常运行方式。 （6）清理现场，做到文明生产	**危险点：**造成人员低压感电。 **控制措施：** （1）作业前提醒作业人员穿戴好个人防护用具。 （2）监护人认真监护，作业人员不得脱离监护人视线作业
3	结束阶段	（1）现场自查作业结果，进行评估，发现问题立即整改。 （2）将作业结果记入维护记录中，履行签字手续	责任人签字

附录 B.5　变电站 UPS 系统试验标准化作业指导

一、工作任务

变电站名称		作业地点和内容	
日　期		天气、温度/湿度	℃/　%
作业负责人		作业人员	
开始时间		结束时间	

二、作业准备

序号	作业项目	工作内容和要求	
1	班前会	（1）进行变电站 UPS 系统试验作业任务派发和人员分工，指定×××为作业负责人（监护人），指定的作业班成员应为熟悉变电站 UPS 系统试验且具有一年以上工作经验的人员。 （2）由负责人×××明确作业的危险点和预控措施，检查、提醒作业班成员携带好个人防护用品	责任人签字
2	工器具、仪器仪表准备	此工作无需工器具、仪器、仪表	责任人签字

三、作业阶段

序号	作业项目	作业内容和要求	
1	列队宣读作业内容和要求	再次明确作业内容、作业要求及危险点与预控措施，检查作业班成员工装和个人防护用品佩戴规范整齐，个人状态良好，对交代的内容进行提问，确认作业班成员对所交代的内容都已经掌握	责任人签字
2	变电站 UPS 系统试验	**作业要求：** （1）变电运维人员进行变电站 UPS 系统试验时应至少由两人以上进行，必须与带电设备保持足够的安全距离（110kV 不小于 1.5m、35kV 不小于 1m、10kV 不小于 0.7m）。 （2）在指定的地点或区域内作业，操作人员必须戴线手套、穿绝缘鞋、着工作服、戴安全帽，作业期间作业负责人不得擅自离开现场。 （3）UPS 系统试验前，检查站用交流不间断电源系统（UPS）面板、指示灯、仪表显示正常，风扇运行正常，无异常告警、无异常声响、振动。 （4）UPS 系统试验前，必须将 UPS 系统切换把手切至“自动”位置，防止造成 UPS 系统所带负荷失电。 （5）试验中，严禁操作“交流输出开关”和“维修旁路开关”。 （6）测量交、直流电源电压时，从进线电缆处测量，测量时必须戴线手套，防止触电，防止造成电源相间短路。 **作业步骤：** （1）检查逆变电源柜 UPS 逆变器控制面板，市电绿灯亮、逆变绿灯亮，运行正常。 （2）检查逆变电源柜直流输入，逆变电源输入，数据网设备接入设备电源指示正常。 （3）断开××馈线屏逆变电源空气开关，检查逆变绿灯亮、市电绿灯灭。 （4）检查逆变电源柜直流输入，逆变电源输入，数据网设备接入设备电源指示正常。 （5）合上××号馈线屏逆变电源空气开关，检查 UPS 电源运行正常（各站根据设备实际情况修改）	**危险点：**误断其他电源空气开关。 **控制措施：** （1）操作前应认真核对设备名称及实际位置。 （2）监护人认真监护，作业人员不得脱离监护人视线作业
3	结束阶段	（1）现场自查作业结果，进行评估，发现问题立即整改。 （2）将作业结果记入维护记录中，履行签字手续	责任人签字

附录 B.6　配电箱、检修电源箱检查、维护标准化作业指导

一、工作任务

变电站名称		作业地点和内容	
日　　期		天气、温度/湿度	℃/　　%
作业负责人		作业人员	
开始时间		结束时间	

二、作业准备

序号	作业项目	工作内容和要求	
1	班前会	（1）进行各类设备配电箱、检修电源箱检查、维护作业任务派发和人员分工，指定×××为作业负责人（监护人），指派的作业班成员应是能够掌握一般电器回路常识、具有一定作业经验的人员。 （2）指定×××准备、检查必备的工器具完好性。 （3）由负责人：×××明确作业的危险点和预控措施，提醒作业班成员检查、携带好个人防护用品	责任人签字
2	工器具、仪器仪表准备	（1）由责任人×××负责检查组合工具、万用表、绝缘电阻表等必备工器具齐备并处于良好状态。 （2）检查各容量空气开关、漏电保安器等备品备件齐备。 （3）向作业负责人汇报上述作业	责任人签字

三、作业阶段

序号	作业项目	作业内容和要求	
1	列队宣读作业内容和要求	再次明确作业内容、作业要求及危险点与预控措施，检查作业班成员工装和个人防护用品佩戴规范整齐，个人状态良好，对交代的内容进行提问，确认作业班成员对所交代的内容都已经掌握	责任人签字
2	配电箱、检修电源箱检查、维护	**作业要求：** 变电运维人员进行配电箱、检修电源箱检查、维护时应至少由两人进行，必须与高压带电设备保持足够的安全距离（110kV 不小于 1.5m、35kV 不小于 1m、10kV 不小于 0.7m），在指定的地点或区域内作业，操作人员必须戴线手套、穿绝缘鞋、戴安全帽、着工作服，作业期间作业负责人不得擅自离开现场。 **作业步骤：** （1）对配电箱、检修电源箱进行检查、维护。 （2）若发现问题，将回路停电后，处理发现的缺陷或更换部件使其恢复原有功能。 （3）送电并确认处理后的装置运行正常。 （4）清理现场，做到文明生产	**危险点：**人员低压触电或轻伤。 **控制措施：** （1）作业前检查作业人员佩戴好个人防护用品。 （2）监护人认真监护，作业人员不得脱离监护人视线作业
3	结束阶段	（1）现场自查作业结果，进行评估，发现问题立即整改。 （2）将作业结果记入维护记录中，履行签字手续	责任人签字

附录 B.7　变电站电缆沟、排水沟、围墙外排水沟检查维护标准化作业指导

一、工作任务

变电站名称		作业地点和内容	
日　　期		天气、温度/湿度	℃/　　%
作业负责人		作业人员	
开始时间		结束时间	

二、作业准备

序号	作业项目	工作内容和要求	
1	班前会	（1）进行变电站电缆沟、排水沟、围墙外排水沟检查维护作业任务派发和人员分工，指定×××为作业负责人（监护人），指派的作业人员应经过三级安全培训。 （2）指定×××负责准备、检查必备的工器具完好性。 （3）由负责人×××明确作业的危险点和预控措施，检查、提醒作业班成员携带好个人防护用品	责任人签字
2	工器具、仪器仪表准备	（1）确认应携带的铁锹、撬棍等必备工器具齐备。 （2）检查所有工器具、安全防护用具处于良好状态	责任人签字

三、作业阶段

序号	作业项目	作业内容和要求	
1	列队宣读作业内容和要求	再次明确此次作业内容、作业要求及危险点及预控措施，检查作业班成员工装和个人防护用品佩戴规范整齐，个人状态良好，对交代的内容进行提问，确认作业班成员对所交代的内容都已经掌握	责任人签字
2	变电站电缆沟、排水沟、围墙外排水沟检查维护	**作业要求：** 变电运维人员进行变电站电缆沟、排水沟、围墙外排水沟检查维护时应至少由两人以上进行，在指定的地点或区域内作业，操作人员必须戴线手套、戴安全帽、穿绝缘鞋、着工作服，进入电缆涵洞作业前应先通风 15min，再进入涵洞作业；抬电缆沟盖板时必须两人配合，防止造成人员砸伤或碰伤，作业期间作业负责人（监护人）不得擅自离开现场。 **作业步骤：** （1）打开电缆沟、排水沟或涵洞上方盖板或井盖。 （2）对变电站电缆沟、排水沟、围墙外排水沟进行检查、清理、疏通、维护。 （3）恢复盖板或井盖，清理现场，做到文明生产	**危险点：**工作不慎造成人员轻伤。 **控制措施：** （1）作业期间监护人时刻提醒作业人员注意安全。 （2）作业人员注意自我防护
3	结束阶段	（1）现场自查作业结果，进行评估，发现问题立即整改。 （2）将作业结果记入维护记录中，履行签字手续	责任人签字

附录 B.8 微机防误系统接地螺栓及接地标志维护标准化作业指导

一、工作任务

变电站名称		作业地点和内容	
日　期		天气、温度/湿度	℃/　%
作业负责人		作业人员	
开始时间		结束时间	

二、作业准备

序号	作业项目	工作内容和要求	
1	班前会	（1）进行微机防误系统接地螺栓及接地标志维护作业任务派发和人员分工，指定×××为作业负责人（监护人），指派的作业班成员应为经过专业培训、熟悉相关工作且具有一年以上工作经验的人员。 （2）指定×××负责准备、检查必备的工器具完好性。 （3）由负责人×××明确作业的危险点和预控措施，检查、提醒作业班成员携带好个人防护用品	责任人签字
2	工器具、仪器仪表准备	（1）由责任人×××确认应携带的：个人安全工具、便携式电焊机、二氧化碳灭火器、电焊专用工作服及护具等必备工器具齐备。 （2）检查电源盘及电焊手套是否无损坏等备品备件齐备。 （3）检查所有工器具、安全防护用具处于良好状态。 （4）向作业负责人汇报上述工作	责任人签字

三、作业阶段

序号	作业项目	作业内容和要求	
1	列队宣读作业内容和要求	再次明确作业内容、作业要求及危险点与预控措施，检查作业班成员工装和个人防护用品佩戴规范整齐，个人状态良好，对交代的内容进行提问，确认作业班成员对所交代的内容都已经掌握	责任人签字
2	微机防误系统接地螺栓及接地标志维护	**作业要求：** 变电运维人员进行微机防误系统接地螺栓及接地标志维护时应至少由两人以上进行，必须与带电设备保持足够的安全距离（110kV不小于1.5m、35kV不小于1m、10kV不小于0.7m），在指定的地点或区域内作业，操作人员必须戴专用手套、穿绝缘鞋、着工作服、戴安全帽，作业期间作业负责人不得擅自离开现场。 **作业步骤：** （1）检查接地螺栓及接地标志是否完好。 （2）清除发生锈蚀的接地螺栓焊缝，用板锉或小锉进行磨削，再用砂纸进行打磨，用防锈喷漆均匀喷于焊缝处。 （3）如果需要更换接地螺丝，准备好二氧化碳灭火器后由电焊人员进行操作，焊缝均匀且四边紧密。 （4）待焊件冷却并清理焊缝后用防锈喷漆均匀。 （5）清理现场，搞好文明生产	**危险点：**人员轻伤。 **控制措施：** （1）作业前提醒作业人员正确使用作业工器具及防护用具。 （2）监护人认真监护，作业人员不得脱离监护人视线作业
3	结束阶段	（1）现场自查作业结果，进行评估，发现问题立即整改。 （2）将作业结果记入维护记录中，履行签字手续	责任人签字

附录 B.9　微机防误系统微机防误装置标准化作业指导

附录 B.9.1　微机防误系统微机防误装置逻辑校验标准化作业指导

一、工作任务

变电站名称		作业地点和内容	
日　　期		天气、温度/湿度	℃/　　%
作业负责人		作业人员	
开始时间		结束时间	

二、作业准备

序号	作业项目	工作内容和要求	
1	班前会	（1）进行微机防误系统微机防误装置逻辑校验作业任务派发和人员分工，指定×××为作业负责人（监护人），指派的作业班成员应为经过专业培训、熟悉相关工作且具有一年以上工作经验的人员。 （2）指定×××负责准备、检查必备的工器具完好性	责任人签字
2	工器具、仪器仪表准备	（1）由责任人×××确认应携带的：调试用笔记本电脑等必备工器具齐备。 （2）检查电脑通信测试口是否完备，导线无损坏。 （3）向作业负责人汇报上述工作	责任人签字

三、作业阶段

序号	作业项目	作业内容和要求	
1	列队宣读作业内容和要求	再次明确作业内容、作业要求，检查作业班成员工装规范整齐，个人状态良好，对交代的内容进行提问，确认作业班成员对所交代的内容都已经掌握	责任人签字
2	微机防误系统微机防误装置逻辑校验	**作业要求：** 变电运维人员进行微机防误系统微机防误装置逻辑校验时应至少由两人以上进行，在指定的地点或区域内作业，操作人员必须着工作服，作业期间作业负责人不得擅自离开现场。 **作业步骤：** （1）用管理员账号登录微机防误系统。 （2）依照典型操作票和经审核批复的防误逻辑对各单元进行正向操作及反向操作确证程序正确。 （3）将电脑钥匙置于检修状态，到设备场区一一检验设备对应的解码锁。 （4）对有误的解码锁内的锁码用笔记本电脑重新写入。 （5）清理现场，做到文明生产	**危险点：**无 **控制措施：**无
3	结束阶段	（1）现场自查作业结果，进行评估，发现问题立即整改。 （2）将作业结果记入维护记录中，履行签字手续	责任人签字

附录 B.9.2　微机防误系统电脑钥匙功能检测标准化作业指导

一、工作任务

变电站名称		作业地点和内容	
日　　期		天气、温度/湿度	℃/　　%
作业负责人		作业人员	
开始时间		结束时间	

二、作业准备

序号	作业项目	工作内容和要求	
1	班前会	（1）进行微机防误系统电脑钥匙功能检测作业任务派发和人员分工，指定×××为作业负责人（监护人），指派的作业班成员应为熟悉微机防误系统电脑钥匙功能检测工作且具有一年以上工作经验的人员。 （2）指定×××负责准备、检查必备的工器具完好性。 （3）由负责人×××检查、提醒作业班成员携带好个人防护用品	责任人签字
2	工器具、仪器仪表准备	（1）责任人×××确认应携带的：可正常工作的电脑钥匙及电池配件等必备工器具齐备。 （2）检查电池无损坏、端电压正常。 （3）向作业负责人汇报上述工作	责任人签字

三、作业阶段

序号	作业项目	作业内容和要求	
1	列队宣读作业内容和要求	再次明确作业内容、作业要求，检查作业班成员工装规范整齐，个人状态良好，对交代的内容进行提问，确认作业班成员对所交代的内容都已经掌握	责任人签字
2	微机防误系统电脑钥匙功能检测	**作业要求：** 变电运维人员进行微机防误系统电脑钥匙功能检测时应至少由两人以上进行，在指定的地点或区域内作业，操作人员必须着工作服，作业期间作业负责人不得擅自离开现场。 **作业步骤：** （1）分级查阅各菜单下的功能正常。 （2）检查电脑钥匙各接口是否能正常进行通信。 （3）检查被回传操作票是否能正常存储。 （4）检查钥匙外观有无损，有无屏幕、边缘、电池漏液等。 （5）更换或修理后及时清理现场，做到文明生产	**危险点：**无 **控制措施：**无
3	结束阶段	（1）现场自查作业结果，进行评估，发现问题立即整改。 （2）将作业结果记入维护记录中，履行签字手续	责任人签字

附录 B.9.3　微机防误系统锁具维护、编码正确性检查标准化作业指导

一、工作任务

变电站名称		作业地点和内容	
日　　期		天气、温度/湿度	℃/　　%
作业负责人		作业人员	
开始时间		结束时间	

二、作业准备

序号	作业项目	工作内容和要求	
1	班前会	（1）进行微机防误系统锁具维护、编码正确性检查作业任务派发和人员分工，指定×××为作业负责人（监护人），指派的作业班成员应为经过专业培训、熟悉相关工作且具有一年以上工作经验的人员。 （2）指定×××负责准备、检查必备的工器具完好性。 （3）由负责人×××明确作业的危险点和预控措施，检查、提醒作业班成员携带好个人防护用品	责任人签字
2	工器具、仪器仪表准备	（1）由责任人×××确认应携带的：调试用笔记本电脑及红外线终端等必备工器具齐备。 （2）检查笔记本电脑及红外线终端通信线正常等，备品备件齐备。 （3）检查所有工器具、安全防护用具处于良好状态。 （4）向作业负责人汇报上述工作	责任人签字

三、作业阶段

序号	作业项目	作业内容和要求	
1	列队宣读作业内容和要求	再次明确作业内容、作业要求及危险点与预控措施，检查作业班成员工装和个人防护用品佩戴规范整齐，个人状态良好，对交代的内容进行提问，确认作业班成员对所交代的内容都已经掌握	责任人签字
2	微机防误系统锁具维护，编码正确性检查	**作业要求：** 变电运维人员进行微机防误系统锁具维护，编码正确性检查时应至少由两人以上进行，一人操作一人监护，必须与带电设备保持足够的安全距离（110kV 不小于 1.5m、35kV 不小于 1m、10kV 不小于 0.7m），在指定的地点或区域内作业，操作人员必须戴线手套、穿绝缘鞋、着工作服、戴安全帽，作业期间作业负责人不得擅自离开现场。 **作业步骤：** （1）将电脑钥匙置于校验防误装置锁码状态。 （2）用电脑钥匙校验场地内的锁具。 （3）语音提示正确者为正确性的钥匙。 （4）外观检查锁具正常后，清理现场，搞好文明生产	**危险点：** （1）误登带电设备造成人员感电。 （2）误开锁具。 **控制措施：** （1）作业时监护人时刻提醒作业人员与高压带电设备保持足够安全距离。 （2）作业中不得攀登任何设备构架。 （3）操作时必须有人监护
3	结束阶段	（1）现场自查作业结果，进行评估，发现问题立即整改。 （2）将作业结果记入维护记录中，履行签字手续	责任人签字

附录 B.10　开关柜地电波检测标准化作业指导

一、工作任务

变电站名称		作业地点和内容	
日　　期		天气、温度/湿度	℃/　　%
作业负责人		作业人员	
开始时间		结束时间	

二、作业准备

序号	作业项目	工作内容和要求	
1	班前会	（1）进行开关柜地电波检测作业任务派发和人员分工，指定×××为作业负责人（监护人），指派的作业人员能够熟练掌握开关柜地电波检测仪并具有一定工作经验。 （2）指定×××准备、检查必备的工器具完好性。 （3）由负责人×××明确作业的危险点和预控措施，提醒作业班成员检查、携带好个人防护用品	责任人签字
2	工器具、仪器仪表准备	（1）由责任人×××确认应携带的：开关柜地电波检测仪及各配件齐备。 （2）检查开关柜地电波检测仪处于良好状态，电源充足。 （3）向作业负责人汇报上述工作	责任人签字

三、作业阶段

序号	作业项目	作业内容和要求	
1	列队宣读作业内容和要求	再次明确作业内容、作业要求及危险点与预控措施，检查作业班成员工装和个人防护用品佩戴规范整齐，个人状态良好，对交代的内容进行提问，确认作业班成员对所交代的内容都已经掌握	责任人签字
2	开关柜地电波检测	**作业要求**：变电运维人员进行开关柜地电波检测时应至少由两人进行，必须与带电设备保持足够的安全距离（110kV 不小于 1.5m、35kV 不小于 1m、10kV 不小于 0.7m），在指定的地点或区域内作业，操作人员必须着工作服、穿绝缘鞋、戴安全帽，作业期间作业负责人不得擅自离开现场。 **作业步骤**： （1）确认系统无接地。 （2）将测试仪两极分别接于在开关柜和附近地面。 （3）打开仪器电源，记录声波频谱。 （4）观察声波幅值，无放电或按“黄、绿、红”三色确定放电严重程度。 （5）关闭仪器电源，收好配件	**危险点**：误登带电设备造成人员感电。 **控制措施**： （1）作业前提醒作业人员时刻注意安全距离。 （2）监护人认真监护，作业人员不得脱离监护人视线作业
3	结束阶段	（1）现场自查作业结果，进行评估，发现问题立即整改。 （2）将作业结果记入维护记录中，履行签字手续	责任人签字

附录 B.11　防汛物资、设施检查标准化作业指导

一、维护工作开展注意事项

（1）应根据本地区的气候特点、地理位置和现场实际，制订相关预案及措施，并定期进行演练。变电站内应配备充足的防汛设备和防汛物资，包括潜水泵、塑料布、塑料管、沙袋、铁锹等。

（2）在每年汛前应对防汛设备进行全面的检查、试验，确保处于完好状态，并做好记录。

（3）防汛物资应由专人保管、定点存放，并建立台账。

（4）雨季来临前对可能积水的地下室、电缆沟、电缆隧道及场区的排水设施进行全面检查和疏通，对房屋渗漏情况进行检查，做好防进水和排水及屋顶防渗漏措施。

（5）下雨时对房屋渗漏、排水情况进行检查；雨后检查地下室、电缆沟、电缆隧道等积水情况，并及时排水，做好设备室通风工作。

二、异常处理流程

维护工作中若发现异常情况，维护人员应做好记录并立即向运维班负责人汇报，说明发现时间、异常内容及现场其他情况，根据运维班负责人指示处理。

三、工作任务

变电站名称		作业地点和内容	
日　　期		大气、温度/湿度	℃/　　%
作业负责人		作业人员	
开始时间		结束时间	

四、作业记录

序号	检查项目	检查内容	检查结果
1	电缆沟	（1）检查电缆沟有无杂物，有无淤泥，无严重积水，必要时予以清理。 （2）检查站内外排水沟有无杂物，有无淤泥，排水是否畅通，必要时予以清理	
2	水泵	检查污水泵、潜水泵、排水泵电源线有无破损，水泵空投试验是否正常	
3	房屋围墙	（1）检查检查围墙无倾斜现象。 （2）检查房屋、设备基础无下沉现象。 （3）检查主控室、高压室无漏雨现象。 （4）检查屋顶落水管无杂物，排水是否畅通，必要时予以清理	

续表

序号	检查项目	检查内容	检查结果
4	防汛物资	（1）检查防汛物资数量齐全，无损坏，摆放整齐。 （2）检查各给水系统设施完好	
5	防汛组织	根据公司防汛指挥部要求，建立本单位的防汛组织机构、职责分工、值班表并责任到人	
6	防汛预案	建立和完善本站（班）在各种运行方式下的事故预案，特别是全站停电、保站用电、直流系统和重要用户供电的方案及通信不畅时的事故预案。每个人均应熟悉本单位防汛预案	

附录C　季度维护项目标准化作业指导

附录 C.1　消防、安防、视频监控系统报警探头、摄像头启动、操作功能试验，远程功能核对标准化作业指导

一、工作任务

变电站名称		作业地点和内容	
日　　期		天气、温度/湿度	℃/　　%
作业负责人		作业人员	
开始时间		结束时间	

二、作业准备

序号	作业项目	工作内容和要求	
1	班前会	（1）进行消防、安防、视频监控系统报警探头、摄像头启动、操作功能试验，远程功能核对类作业任务派发和人员分工，指定×××为作业负责人（监护人），针对该项工作指派的作业人员应具有一定工作经验。 （2）指定×××检查必备的工器具完好性。 （3）由负责人×××明确作业的危险点和预控措施，检查、提醒作业班成员携带好个人防护用品。	责任人签字
2	工器具、仪器仪表准备	（1）由责任人×××确认应携带的：组合工具、长杆空筒等必备工器具齐备。 （2）向作业负责人汇报上述工作	责任人签字

三、作业阶段

序号	作业项目	作业内容和要求	
1	列队宣读作业内容和要求	再次明确作业内容、作业要求及危险点与预控措施，检查作业班成员工装和个人防护用品佩戴规范整齐，个人状态良好，对交代的内容进行提问，确认作业班成员对所交代的内容都已经掌握	责任人签字

续表

序号	作业项目	作业内容和要求	
2	消防、安防、视频监控系统报警探头、摄像头启动、操作功能试验，远程功能核对	**作业要求：** 变电运维人员进行消防、安防、视频监控系统报警探头、摄像头启动、操作功能试验，远程功能核对时应至少由两人以上进行，必须与带电设备保持足够的安全距离（110kV 不小于 1.5m、35kV 不小于 1m、10kV 不小于 0.7m），在指定的地点或区域内作业，操作人员必须戴线手套、穿绝缘鞋、着工作服、戴安全帽，作业期间作业负责人不得擅自离开现场。 **作业步骤：** （1）检测消防、安防、视频监控系统电源正常。 （2）在后台调整视频监控系统探头正常。 （3）使用人为烟源接近消防报警探头测试报警正常。 （4）使用人为遮蔽物接近安防报警探头测试报警正常。 （5）在安防装置主机上测试报警功能。 （6）上述操作与调控中心联系远程信息传递正常。 （7）恢复上述各系统正常运行方式。 （8）发现问题应按缺陷管理流程处理	**危险点：**造成人员低压触电。 **控制措施：** （1）作业前提醒作业人员时刻注意安全距离。 （2）监护人认真监护，作业人员不得脱离监护人视线作业
3	结束阶段	（1）现场自查作业结果，进行评估，发现问题立即整改。 （2）将作业结果记入维护记录中，履行签字手续	责任人签字

附录 C.2　消防沙池补充、灭火器检查清擦标准化作业指导

一、工作任务

变电站名称		作业地点和内容	
日　　期		天气、温度/湿度	℃/　　%
作业负责人		作业人员	
开始时间		结束时间	

二、作业准备

序号	作业项目	工作内容和要求	
1	班前会	（1）进行消防沙池补充、灭火器检查清擦作业任务派发和人员分工，指定×××为作业负责人（监护人），针对该项工作指派的作业人员应具有相关工作经验。 （2）指定×××准备、检查必备的工器具完好性。 （3）由负责人×××明确作业的危险点和预控措施，检查、提醒作业班成员携带好个人防护用品	责任人签字
2	工器具、仪器仪表准备	（1）由责任人×××确认应携带的：铁锹、抹布、沙子等必备工器具、备料齐备。 （2）向作业负责人汇报上述工作	责任人签字

三、作业阶段

序号	作业项目	作业内容和要求	
1	列队宣读作业内容和要求	再次明确作业内容、作业要求及危险点与预控措施，检查作业班成员工装和个人防护用品佩戴规范整齐，个人状态良好，对交代的内容进行提问，确认作业班成员对所交代的内容都已经掌握	责任人签字
2	消防沙池补充、灭火器检查清擦	**作业要求：** 变电运维人员进行消防沙池补充、灭火器检查清擦时应至少由两人以上进行，必须与带电设备保持足够的安全距离（110kV 不小于 1.5m、35kV 不小于 1m、10kV 不小于 0.7m），在指定的地点或区域内作业，操作人员必须戴线手套、穿绝缘鞋、着工作服、戴安全帽，作业期间作业负责人不得擅自离开现场。 **作业步骤：** （1）检查消防沙池内消防沙充足并处于松散状态，若沙子不足予以补充。 （2）检查各灭火器压力正常，处于合格期内，各部配件齐全好用，用抹布擦拭干净。 （3）清理现场，做到文明生产	**危险点：**造成人员轻伤。 **控制措施：** （1）作业前提醒作业人员时刻注意安全距离。 （2）监护人认真监护，作业人员不得脱离监护人视线作业
3	结束阶段	（1）现场自查作业结果，进行评估，发现问题立即整改。 （2）将作业结果记入维护记录中，履行签字手续	责任人签字

附录 C.3　各类设备端子箱、冷控箱、机构箱、汇控柜、保护屏、测控屏、交直流内、站内外照明回路维护消缺标准化作业指导

一、工作任务

变电站名称		作业地点和内容	
日　　期		天气、温度/湿度	℃/　　%
作业负责人		作业人员	
开始时间		结束时间	

二、作业准备

序号	作业项目	工作内容和要求	
1	班前会	（1）进行各类设备端子箱、冷控箱、机构箱、汇控柜、保护屏、测控屏、交直流屏等照明回路维护消缺作业任务派发和人员分工，指定×××为作业负责人（监护人），指派的作业班成员应是掌握一般电气知识、具有一定工作经验的人员。 （2）指定×××负责准备、检查必备的工器具完好性。 （3）由负责人×××明确作业的危险点和预控措施，提醒作业班成员检查、携带好个人防护用品	责任人签字
2	工器具、仪器仪表准备	（1）由责任人×××负责检查组合工具、万用表、绝缘电阻表、验电笔等必备工器具齐备并处于良好状态。 （2）检查空气开关、照明灯、灯具、开关等备品备件齐备。 （3）向作业负责人汇报上述工作	责任人签字

三、作业阶段

序号	作业项目	作业内容和要求	
1	列队宣读作业内容和要求	再次明确作业内容、作业要求及危险点与预控措施，检查作业班成员工装和个人防护用品佩戴规范整齐，个人状态良好，对交代的内容进行提问，确认作业班成员对所交代的内容都已经掌握	责任人签字
2	各类设备端子箱、冷控箱、机构箱、汇控柜、保护屏、测控屏、交直流屏、站内外照明回路维护消缺	**作业要求：** 变电运维人员进行各类设备端子箱、冷控箱、机构箱、汇控柜、保护屏、测控屏、交直流屏等照明回路维护消缺时应至少由两人进行，必须与高压带电设备保持足够的安全距离（110kV 不小于 1.5m、35kV 不小于 1m、10kV 不小于 0.7m），在指定的地点或区域内作业，操作人员必须戴线手套、穿绝缘鞋、戴安全帽、着工作服，作业期间作业负责人不得擅自离开现场。 **作业步骤：** （1）检查、确认照明回路、指示灯缺陷情况，回路确已停电，安全措施已做好。 （2）处理发现的缺陷，或更换部件或指示灯等，使其恢复原有功能。 （3）送电后确认处理后的照明装置或指示灯运行正常。 （4）清理现场，做到文明生产	**危险点：**人员低压感电或轻伤。 **控制措施：** （1）作业前检查作业人员佩戴好个人防护用品。 （2）监护人认真监护，作业人员不得脱离监护人视线作业。 （3）在上级电源开关上挂“禁止合闸，有人工作”牌
3	结束阶段	（1）现场自查作业结果，进行评估，发现问题立即整改。 （2）将作业结果记入维护记录中，履行签字手续	责任人签字

附录 C.4　变电站漏电保护试验标准化作业指导

一、工作任务

变电站名称		作业地点和内容	
日　　期		天气、温度/湿度	℃/　　%
作业负责人		作业人员	
开始时间		结束时间	

二、作业记录

发现问题		处理情况
1		
2		
3		
遗留问题		解决建议
1		
2		
3		

附录 C.5 设备室通风系统维护，风机故障检查、更换处理标准化作业指导

一、工作任务

变电站名称		作业地点和内容	
日　期		天气、温度/湿度	℃/　%
作业负责人		作业人员	
开始时间		结束时间	

二、作业准备

序号	作业项目	工作内容和要求	
1	班前会	（1）进行设备室通风系统维护，风机故障检查、更换处理作业任务派发和人员分工，指定×××为作业负责人（监护人），针对该项工作指派的作业人员应经过专业培训、熟悉相关工作且具有一年以上工作经验的人员。 （2）指定×××负责准备、检查必备的工器具完好性。 （3）由负责人×××明确作业的危险点和预控措施，检查、提醒作业班成员携带好个人防护用品	责任人签字
2	工器具、仪器仪表准备	（1）由责任人×××确认应携带的：组合工具、万用表等必备工器具齐备。 （2）检查同容量电源空气开关、开闭器、热继电器、备用风机等备品备件齐备。 （3）检查所有工器具、安全防护用具处于良好状态。 （4）向作业负责人汇报上述工作	责任人签字

三、作业阶段

序号	作业项目	作业内容和要求	
1	列队宣读作业内容和要求	再次明确作业内容、作业要求及危险点与预控措施，检查作业班成员工装和个人防护用品佩戴规范整齐，个人状态良好，对交代的内容进行提问，确认作业班成员对所交代的内容都已经掌握	责任人签字
2	设备室通风系统维护，风机故障检查、更换处理	**作业要求：** 变电运维人员进行设备室通风系统维护，风机故障检查、更换处理时应至少由两人以上进行，必须与带电设备保持足够的安全距离（110kV 不小于 1.5m、35kV 不小于 1m、10kV 不小于 0.7m），在指定的地点或区域内作业。进入装有通风装置的设备室前应先通风 15min，进入主变压器等高压设备室前应先检查、确认系统无接地，操作人员必须戴线手套、穿绝缘鞋、着工作服、戴安全帽，作业期间作业负责人不得擅自离开现场。 **作业步骤：** （1）停用通风系统电源。 （2）检查、维护设备室通风系统控制回路、机械部分。 （3）若发现问题应进行处理或更换。 （4）送电后启动设备室通风系统，检查、确认设备室通风系统运行正常。 （5）清理现场，做到文明生产	**危险点：** （1）造成人员低压触电。 （2）造成人员高处坠落。 （3）造成人员机械伤害。 **控制措施：** （1）作业前提醒作业人员时刻注意安全距离并穿戴好个人防护用具。 （2）监护人认真监护，作业人员不得脱离监护人视线作业
3	结束阶段	（1）现场自查作业结果，进行评估，发现问题立即整改。 （2）将作业结果记入维护记录中，履行签字手续	责任人签字

附录 C.6 站用电系统定期切换试验标准化作业指导

一、工作任务

变电站名称		作业地点和内容	
日　期		天气、温度/湿度	℃/　%
作业负责人		作业人员	
开始时间		结束时间	

二、作业准备

序号	作业项目	工作内容和要求	
1	班前会	（1）进行站用电系统定期切换试验作业任务派发和人员分工，指定<u>×××</u>为作业负责人（监护人），指定的作业班成员应为熟悉站用电系统定期切换试验且具有一年以上工作经验的人员。 （2）由负责人<u>×××</u>明确作业的危险点和预控措施，检查、提醒作业班成员携带好个人防护用品	责任人签字
2	工器具、仪器仪表准备	此工作无需工器具、仪器、仪表	责任人签字

三、作业阶段

序号	作业项目	作业内容和要求	
1	列队宣读作业内容和要求	再次明确作业内容、作业要求及危险点与预控措施，检查作业班成员工装和个人防护用品佩戴规范整齐，个人状态良好，对交代的内容进行提问，确认作业班成员对所交代的内容都已经掌握	责任人签字
2	站用电系统定期切换试验	**作业要求：** 变电运维人员进行站用电系统定期切换试验时应至少由两人以上进行，必须与带电设备保持足够的安全距离（110kV 不小于 1.5m、35kV 不小于 1m、10kV 不小于 0.7m），在指定的地点或区域内作业，操作人员必须戴线手套、穿绝缘鞋、戴安全帽、着工作服，作业期间作业负责人不得擅自离开现场。 **作业步骤：** （1）确认作业地点和设备。 （2）拉开运行站用变压器二次电源开关。 （3）观察备用站用变压器电源自动切换正常（或手动合上备用站用变二次电源开关）。 （4）拉开自动合闸后的站用变压器电源，观察备用站用变压器电源自动切换正常（或手动合上备用站用变压器二次电源开关）。 （5）按现场运行规程要求恢复正常运行方式。 （6）清理现场，做到文明生产	**危险点：**造成人员低压感电。 **控制措施：** （1）作业前提醒作业人员穿戴好个人防护用具。 （2）监护人认真监护，作业人员不得脱离监护人视线作业
3	结束阶段	（1）现场自查作业结果，进行评估，发现问题立即整改。 （2）将作业结果记入维护记录中，履行签字手续	责任人签字

附录 C.7　变压器铁心、夹件接地电流测试标准化作业指导

一、工作任务

变电站名称		作业地点和内容	
日　期		天气、温度/湿度	℃/　%
作业负责人		作业人员	
开始时间		结束时间	

二、作业准备

序号	作业项目	工作内容和要求	
1	班前会	（1）进行变压器铁心、夹件接地电流测试作业任务派发和人员分工，指定×××为作业负责人（监护人），针对该项工作指派的作业人员应具有相关工作经验并工作一年以上。 （2）指定×××准备、检查必备的工器具完好性。 （3）由负责人×××明确作业的危险点和预控措施，提醒作业班成员检查、携带好个人防护用品	责任人签字
2	工器具、仪器仪表准备	（1）由责任人×××负责检查组合工具、数字式高精度钳形电流表、绝缘手套等必备工器具齐备并处于良好状态。 （2）出发前一次性准备完毕所有仪器、仪表、工器具、安全防护用具。 （3）向作业负责人汇报上述工作	责任人签字

三、作业阶段

序号	作业项目	作业内容和要求	
1	列队宣读作业内容和要求	再次明确作业内容、作业要求及危险点与预控措施，检查作业班成员工装和个人防护用品佩戴规范整齐，个人状态良好，对交代的内容进行提问，确认作业班成员对所交代的内容都已经掌握	责任人签字
2	变压器铁心、夹件接地电流测试	**作业要求：** 变电运维人员测试变压器铁心、夹件接地电流时应至少由两人以上进行，一人操作一人监护，必须与带电设备保持足够的安全距离（110kV 不小于 1.5m、35kV 不小于 1m、10kV 不小于 0.7m），操作人员必须戴绝缘手套、穿绝缘鞋、着工作服、戴安全帽。 **作业方法及标准：** **一、作业原理** 变压器 **二、作业步骤** （1）检查主变压器外观正常、无异声。 （2）操作人员戴好绝缘手套。	**危险点：**测试回路开路造成人员感电。 **控制措施：** （1）测试中操作人员必须戴绝缘手套、穿绝缘鞋。 （2）测试过程中严防开路

续表

序号	作业项目	作业内容和要求	
2	变压器铁心、夹件接地电流测试	（3）使用数字式高精度钳形电流表夹住测试导线（注意使钳形电流表与接地引下线保持垂直，不要上下移动，以免影响读数），装有固定接线电流表可直接读取电流值。 （4）待电流表数据稳定后，读取数据并做好记录。 （5）将钳形电流表从导线上撤出。 **三、作业标准** 测量结果与上次相比，不应有明显差异；铁心接地电流检测结果应≤100mA（注意值）。 **四、结果分析** （1）当变压器铁心接地电流检测结果受环境及检测方法的影响较大时，可通过历次试验结果进行综合比较，根据其变化趋势做出判断。 （2）数据分析还需综合考虑设备历史运行状况、同类型设备参考数据，同时结合其他带电检测试验结果，如油色谱试验、红外精确测温及高频局部放电检测等手段进行综合分析。 （3）接地电流大于300 mA应考虑铁心（夹件）存在多点接地故障，必要时串接限流电阻。 （4）当怀疑有铁心多点间歇性接地时可辅以在线检测装置进行连续检测	**危险点：**测试回路开路造成人员感电。 **控制措施：** （1）测试中操作人员必须戴绝缘手套、穿绝缘鞋。 （2）测试过程中严防开路
3	结束阶段	（1）现场自查作业结果，进行评估，发现问题立即整改。 （2）将作业结果记入维护记录中，履行签字手续	责任人签字

附录C.8　各类设备端子箱、冷控箱、机构箱及汇控柜内驱潮加热、防潮防凝露模块和回路维护消缺标准化作业指导

一、工作任务

变电站名称		作业地点和内容	
日　　期		天气、温度/湿度	℃/　　%
作业负责人		作业人员	
开始时间		结束时间	

二、作业准备

序号	作业项目	工作内容和要求	
1	班前会	（1）进行各类设备端子箱、冷控箱、机构箱、汇控柜内驱潮加热、防潮防凝露模块和回路维护消缺工作任务派发和人员分工，指定×××为工作负责人（监护人），指派的作业班成员应是能够掌握一般电器回路常识、具有一定工作经验的人员。 （2）指定×××准备、检查必备的工器具完好性。 （3）由负责人×××明确工作的危险点和预控措施，提醒工作班成员检查、携带好个人防护用品	责任人签字
2	工器具、仪器仪表准备	（1）由责任人×××负责检查组合工具、万用表、绝缘电阻表等必备工器具齐备并处于良好状态。 （2）检查驱潮加热、防潮防凝露加热器、热继电器、接触器、空气开关、指示灯、熔断器等备品备件齐备。 （3）向作业负责人汇报上述工作	责任人签字

三、作业阶段

序号	作业项目	作业内容和要求	
1	列队宣读工作内容和要求	再次明确工作内容、作业要求及危险点与预控措施，检查作业班成员工装和个人防护用品佩戴规范整齐，个人状态良好，对交代的内容进行提问，确认工作班成员对所交代的内容都已经掌握	责任人签字
2	端子箱、冷控箱、机构箱、汇控柜内驱潮加热、防潮防凝露模块和回路维护消缺	**作业要求：** 变电运维人员进行端子箱、冷控箱、机构箱、汇控柜内驱潮加热、防潮防凝露模块和回路维护消缺时应至少由两人进行，必须与高压带电设备保持足够的安全距离（110kV 不小于 1.5m、35kV 不小于 1m、10kV 不小于 0.7m），在指定的地点或区域内作业，操作人员必须戴线手套、穿绝缘鞋、戴安全帽、着工作服，工作期间工作负责人不得擅自离开现场。 **工作步骤：** （1）检查、确认驱潮加热、防潮防凝露模块、回路缺陷情况。 （2）将回路停电后，处理发现的缺陷，或更换部件使其恢复原有功能。 （3）送电并确认处理后的装置运行正常。 （4）清理现场，做到文明生产	**危险点：**人员低压触电或机械伤害。 **控制措施：** （1）作业前检查工作人员佩戴好个人防护用品。 （2）监护人认真监护，工作人员不得脱离监护人视线工作
3	结束阶段	（1）现场自查作业结果，进行评估，发现问题立即整改。 （2）将作业结果记入维护记录中，履行签字手续	责任人签字

附录 C.9 各类端子箱、分线箱、照明箱、冷控箱、动力箱、GIS 汇控柜、保护屏、测控屏内二次电缆封堵修补标准化作业指导

一、工作任务

变电站名称		作业地点和内容	
日　　期		天气、温度/湿度	℃/　　%
作业负责人		作业人员	
开始时间		结束时间	

二、作业准备

序号	作业项目	工作内容和要求	
1	班前会	（1）进行各类箱、柜、屏内二次电缆封堵修补工作任务派发和人员分工，指定×××为作业负责人（监护人），针对该项工作指派具有一定工作经验的作业人员。 （2）指定×××专人准备、检查必备的工器具完好性。 （3）由负责人×××明确工作的危险点和预控措施，提醒工作班成员检查、携带好个人防护用品	责任人签字
2	工器具、仪器仪表准备	（1）由责任人×××确认封堵泥、防火板、防火包等防火封堵材料确保材料充足。 （2）向作业负责人汇报上述工作	责任人签字

三、作业阶段

<table>
<tr><th>序号</th><th>作业项目</th><th colspan="2">作业内容和要求</th></tr>
<tr><td rowspan="2">1</td><td rowspan="2">列队宣读工作内容和要求</td><td rowspan="2">再次明确工作内容、作业要求及危险点与预控措施，检查作业班成员工装和个人防护用品佩戴规范整齐，个人状态良好，对交代的内容进行提问，确认工作班成员对所交代的内容都已经掌握</td><td>责任人签字</td></tr>
<tr><td></td></tr>
<tr><td>2</td><td>各类箱、柜、屏内二次电缆封堵修补</td><td>工作要求：
变电运维人员进行各类箱、柜、屏内二次电缆封堵修补时应至少由两人进行，封堵时与设备带电部位保持足够安全距离并做好隔离措施；必须与高压带电设备保持足够的安全距离（500kV 5m、220kV 3m、66kV 1.5m、10kV 0.7m），在指定的地点或区域内作业，操作人员必须戴线手套、穿绝缘鞋、戴安全帽、着工作服，作业期间作业负责人不得擅自离开现场。
作业步骤：
（1）根据屏柜内具体情况，使用封堵泥进行封堵，对于空间较大的封堵点，应采用下层防火包、上层封堵泥、最上层防火板方式封堵，做到美观。
（2）封堵后保持屏柜内及周边清洁齐整，无遗留杂物。
（3）进行二次电缆封堵修补工作时，应注意将电缆周边所有空隙填满，防止因天气变凉冷缩后脱落</td><td>危险点：
（1）误触低压带电设备。
（2）施工中损伤电缆。
（3）施工中误触保护装置或其他设备。
控制措施：
（1）使用绝缘工器具，保持足够安全距离并设专人监护。
（2）施工中对电缆采取包裹等隔离措施进行防护，严禁使用导电材质工具和锋利刀具进行施工，以防损坏电缆。
（3）施工中严禁产生较大振动，封堵物与电缆间不应有缝隙。
（4）与装置或设备采取可靠隔离措施</td></tr>
<tr><td rowspan="2">3</td><td rowspan="2">结束阶段</td><td rowspan="2">（1）现场自查作业结果，进行评估，发现问题立即整改。
（2）将作业结果记入维护记录中，履行签字手续</td><td>责任人签字</td></tr>
<tr><td></td></tr>
</table>

附录 C.10　在线监测装置标准化作业指导

附录 C.10.1　在线监测装置通信检查，后台机与在线监测平台数据核对标准化作业指导

一、工作任务

变电站名称		作业地点和内容	
日　期		天气、温度/湿度	℃/　%
作业负责人		作业人员	
开始时间		结束时间	

二、作业准备

<table>
<tr><th>序号</th><th>作业项目</th><th colspan="2">工作内容和要求</th></tr>
<tr><td rowspan="2">1</td><td rowspan="2">班前会</td><td rowspan="2">（1）进行在线监测装置通信检查，后台机与在线监测平台数据核对作业任务派发和人员分工，指定×××为作业负责人（监护人），针对该项工作指派的作业人员应具有一定工作经验。
（2）由负责人×××明确作业的危险点和预控措施</td><td>责任人签字</td></tr>
<tr><td></td></tr>
<tr><td rowspan="2">2</td><td rowspan="2">工器具、仪器仪表准备</td><td rowspan="2">此作业无需工器具、仪器、仪表</td><td>责任人签字</td></tr>
<tr><td></td></tr>
</table>

三、作业阶段

序号	作业项目	作业内容和要求	
1	列队宣读作业内容和要求	再次明确作业内容、作业要求及危险点与预控措施，检查作业班成员工装规范整齐，个人状态良好，对交代的内容进行提问，确认作业班成员对所交代的内容都已经掌握	责任人签字
2	在线监测装置通信检查，后台机与在线监测平台数据核对	**作业要求：** 变电运维人员进行在线监测装置通信检查，后台机与在线监测平台数据核对时应至少由两人以上进行，在指定的地点或区域内作业，操作人员着工作服，作业期间作业负责人不得擅自离开现场。 **作业步骤：** （1）到达现场后与相关专业和负责人联系。 （2）检查在线监测装置“电源”指示灯、“工作”指示灯正常。 （3）读取在线监测装置数据，与相关专业或责任人核对数据准确性。 （4）与后台机核对数据准确	**危险点：**误登带电设备造成人员感电。 **控制措施：** （1）作业前提醒作业人员时刻注意安全距离。 （2）监护人认真监护，作业人员不得脱离监护人视线作业
3	结束阶段	（1）现场自查作业结果，进行评估，发现问题立即整改。 （2）将作业结果记入维护记录中，履行签字手续	责任人签字

附录C.10.2 油在线监测装置载气更换项目标准化作业指导

一、工作任务

变电站名称		作业地点和内容	
日　　期		天气、温度/湿度	℃/　　%
作业负责人		作业人员	
开始时间		结束时间	

二、作业准备

序号	作业项目	工作内容和要求	
1	班前会	（1）进行油在线监测装置载气更换作业任务派发和人员分工，指定×××为作业负责人（监护人），针对该项工作指派的作业人员应具有一定工作经验。 （2）由负责人×××明确作业的危险点和预控措施	责任人签字
2	工器具、仪器仪表准备	（1）由责任人×××确认应携带的：组合工具、备用气瓶齐备。 （2）向作业负责人汇报上述工作	责任人签字

三、作业阶段

序号	作业项目	作业内容和要求	
1	列队宣读作业内容和要求	再次明确作业内容、作业要求及危险点与预控措施，检查作业班成员工装规范整齐，个人状态良好，对交代的内容进行提问，确认作业班成员对所交代的内容都已经掌握	责任人签字

续表

<table>
<tr><th>序号</th><th>作业项目</th><th colspan="2">作业内容和要求</th></tr>
<tr><td>2</td><td>油在线监测装置载气更换</td><td>**作业要求：**
变电运维人员进行油在线监测装置载气更换项目时应至少由两人以上进行，在指定的地点或区域内作业，操作人员着工作服、戴线手套、戴安全帽、穿绝缘鞋，必须与带电设备保持足够的安全距离（110kV 不小于 1.5m、35kV 不小于 1m、10kV 不小于 0.7m）；作业期间作业负责人不得擅自离开现场。
作业步骤：
（1）将现场采集器内部载气瓶底部空气开关断开，避免设备在更换载气过程中动作。并将载气瓶阀门关闭，减压阀调节旋钮（黑色）逆时针旋转至关闭状态。
（2）设备内在用载气瓶上减压阀（钢瓶侧）拆掉，拆除过程中需固定好减压阀，避免造成减压阀掉落和管路受力、变形造成的漏气现象发生。
（3）将钢瓶抱箍打开，并将空掉的载气瓶从设备内移出，将新载气瓶移入，调整载气瓶接口位置与减压阀接口位置一致（有偏差时可略对减压阀管路进行调整，忌蛮力操作，对应接头处注意勿受力），将载气瓶抱箍固定牢固，进行减压阀和载气瓶的对接工作，打开载气钢瓶阀门，观察减压阀靠近钢瓶侧压力表压力，正常在 10MPa 左右（根据季节不同会有所偏差），注意倾听是否有漏气声音，如有漏气声，需关闭阀门检查减压阀与钢瓶连接部位是否紧固，如因减压阀或钢瓶接口问题造成漏气，需进行更换工作。逐渐打开减压阀黑色调节旋钮（顺时针增大，注意调节力度，压力增大后不可调小）将压力调整在 0.4～0.45MPa 位置即可。
（4）进行检漏工作，可在钢瓶和减压阀连接部分、设备外露载气管路接头位置涂抹肥皂水，观察是否存在漏气现象，或将载气瓶阀和减压阀调节旋钮关闭，记录减压阀压力表指针位置，5min 后压力无明显下降，可视为不漏气，如有压力下降情况，可使用肥皂水涂抹各接头位置，确定漏点后，进行相应的紧固处理。确认无漏点后将载气瓶阀门开至最大，减压阀压力调节旋钮调整到减压后压力 0.4～0.45MPa 即可，恢复设备供电，载气更换工作完成。
（5）清理现场，做到文明生产</td><td>**危险点：**误登带电设备造成人员感电。
控制措施：
（1）作业前提醒作业人员时刻注意安全距离。
（2）监护人认真监护，作业人员不得脱离监护人视线作业</td></tr>
<tr><td rowspan="2">3</td><td rowspan="2">结束阶段</td><td rowspan="2">（1）现场自查作业结果，进行评估，发现问题立即整改。
（2）将作业结果记入维护记录中，履行签字手续</td><td>责任人签字</td></tr>
<tr><td></td></tr>
</table>

附录 C.10.3　在线监测装置一般缺陷处理标准化作业指导

一、工作任务

变电站名称		作业地点和内容	
日　期		天气、温度/湿度	℃/　%
作业负责人		作业人员	
开始时间		结束时间	

二、作业准备

序号	作业项目	工作内容和要求	
1	班前会	（1）进行在线监测一般缺陷处理作业任务派发和人员分工，指定×××为作业负责人（监护人），针对该项作业指派的作业人员应具有一定工作经验。 （2）指定×××负责准备、检查必备的工器具完好性。 （3）由负责人×××明确作业的危险点和预控措施，检查、提醒作业班成员携带好个人防护用品	责任人签字
2	工器具、仪器仪表准备	（1）由责任人×××确认应携带的：组合工具、万用表等必备工器具齐备。 （2）向作业负责人汇报上述工作	责任人签字

三、作业阶段

序号	作业项目	作业内容和要求	
1	列队宣读作业内容和要求	再次明确作业内容作业要求及危险点与预控措施，检查作业班成员工装和个人防护用品佩戴规范整齐，个人状态良好，对交代的内容进行提问，确认作业班成员对所交代的内容都已经掌握	责任人签字
2	在线监测装置一般缺陷处理	**作业要求：** 变电运维人员进行在线监测装置一般缺陷处理时应至少由两人以上进行，必须与带电设备保持足够的安全距离（110kV 不小于 1.5m、35kV 不小于 1m、10kV 不小于 0.7m），在指定的地点或区域内作业，操作人员必须戴线手套、穿绝缘鞋、戴安全帽、着工作服，作业期间作业负责人不得擅自离开现场。 **作业步骤：** （1）检查、确认在线监测装置一般缺陷。 （2）视情况断开在线监测装置电源。 （3）处理缺陷。 （4）送电后检查在线监测装置运行正常。 （5）清理现场，做到文明生产	**危险点：**误登带电设备造成人员感电。 **控制措施：** （1）作业前提醒作业人员时刻注意安全距离。 （2）监护人认真监护，作业人员不得脱离监护人视线作业
3	结束阶段	（1）现场自查作业结果，进行评估，发现问题立即整改。 （2）将作业结果记入维护记录中，履行签字手续	责任人签字

附录 C.11 室内 SF_6 氧量报警仪维护、消缺标准化作业指导

一、工作任务

变电站名称		作业地点和内容	
日　　期		天气、温度/湿度	℃/　　%
作业负责人		作业人员	
开始时间		结束时间	

二、作业准备

序号	作业项目	工作内容和要求	
1	班前会	（1）进行室内 SF_6 氧量报警仪维护、消缺作业任务派发和人员分工，指定×××为作业负责人（监护人），指派的作业人员应为经过专业培训、熟悉相关工作且具有一年以上工作经验的人员。 （2）指定×××准备、检查必备的工器具完好性。 （3）由负责人×××明确作业的危险点和预控措施，提醒作业班成员检查、携带好个人防护用品	责任人签字
2	工器具及材料准备	（1）由责任人×××检查：工业毛巾、医用酒精、组合工具等必备工器具齐全并处于良好状态。 （2）向作业负责人汇报上述工作	责任人签字

三、作业阶段

序号	作业项目	作业内容和要求	
1	列队宣读作业内容和要求	再次明确作业内容、作业要求及危险点与预控措施，检查作业班成员工装和个人防护用品佩戴规范整齐，个人状态良好，对交代的内容进行提问，确认作业班成员对所交代的内容都已经掌握	责任人签字
2	室内 SF_6 氧量报警仪维护、消缺	**作业要求：** 作业必须由两人以上进行，人员必须穿戴好绝缘鞋、绝缘手套、安全帽、着工作服，使用绝缘护套完好的工器具，必须与高压带电设备保持足够的安全距离（110kV 不小于 1.5m、35kV 不小于 1m、10kV 不小于 0.7m）。适当维护 SF_6 氧量报警仪是非常必要的，它将减少故障并增加仪器的使用寿命。进入室内等密闭空间检测时应先通风 15min。 **作业步骤：** （1）将仪器停电。 （2）首先检查探头防护罩是否完好（防护罩能有效防止灰尘、水汽、油脂阻塞探头，未加防护罩时禁用仪器）。 （3）拉下防护罩，用工业毛巾清洁防护罩。 （4）如果探头本身也脏，可将工业毛巾浸入高纯度酒精等温和清洗剂几秒钟，然后清洁探头（使用仪器前，要检查探头和防护罩确无灰尘或油脂）。 （5）绝不要用像汽油、松节油、矿物油等溶剂，因为它们会残留在探头上并降低仪器灵敏度（必要时按制造商要求，配合其技术人员完成对报警装置及探头的维护）。 （6）清理现场，做到文明生产	**危险点：** （1）人员轻微电击或引发更严重伤害。 （2）使用强力清洁剂，损伤探头。 **控制措施：** （1）每次作业前必须确认仪器停电，并设监护人监护。 （2）作业前认真检查，不配备强力清洁剂
3	结束阶段	（1）现场自查作业结果，进行评估，发现问题立即整改。 （2）将作业结果记入维护记录中，履行签字手续	责任人签字

附录C.12 主变压器冷却系统的指示灯、空气开关、热耦和接触器更换标准化作业指导

一、工作任务

变电站名称		作业地点和内容	
日　　期		天气、温度/湿度	℃/　　%
作业负责人		作业人员	
开始时间		结束时间	

二、作业准备

序号	作业项目	工作内容和要求	
1	班前会	（1）进行冷却系统的指示灯、空气开关、热耦和接触器更换作业任务派发和人员分工，指定×××为作业负责人（监护人），针对该项工作指派的作业人员应具有一定相关工作经验。 （2）指定×××准备、检查必备的工器具完好性。 （3）由负责人×××明确作业的危险点和预控措施，检查、提醒作业班成员携带好个人防护用品	责任人签字
2	工器具、仪器仪表准备	（1）由责任人×××确认应携带的：组合工具、万用表、绝缘电阻表等必备工器具齐备并处于良好状态。 （2）检查空气开关、指示灯、灯具、热继电器和接触器等备品备件齐备。 （3）向作业负责人汇报上述工作	责任人签字

三、作业阶段

序号	作业项目	作业内容和要求	
1	列队宣读作业内容和要求	再次明确作业内容、作业要求及危险点，检查作业班成员工装和个人防护用品佩戴规范整齐，个人状态良好，对交代的内容进行提问，确认作业班成员对所交代的内容都已经掌握	责任人签字
2	冷却系统的指示灯、空气开关、热耦和接触器更换（柜内指示灯）	**作业要求：** 变电运维人员进行冷却系统的指示灯、空气开关、热耦和接触器更换时应至少由两人进行，一人操作、一人监护，必须与高压带电设备保持足够的安全距离（110kV 不小于 1.5m、35kV 不小于 1m、10kV 不小于 0.7m），在指定的地点或区域内作业，操作人员必须戴线手套、穿绝缘鞋、着工作服、戴安全帽，作业期间作业负责人不得擅自离开现场。 **作业步骤：** （1）检查、确认箱内冷却系统指示灯、空气开关、热耦和接触器缺陷情况，回路确已停电。 （2）更换损坏的部件使其恢复原有功能。 （3）送电后确认处理后的装置运行正常。 （4）清理现场，做到文明生产	**危险点：**人员低压触电或机械伤害。 **控制措施：** （1）作业前检查作业人员佩戴好个人防护用品。 （2）监护人认真监护，作业人员不得脱离监护人视线作业
3	结束阶段	（1）现场自查作业结果，进行评估，发现问题立即整改。 （2）将作业结果记入维护记录中，履行签字手续	责任人签字

附录 C.13　变电站备品备件、直流空气开关检查标准化作业指导

项目	序号	名称	型号	配置数量	实际数量	存放位置
备品备件	1	110kV 开关分合闸线圈				
	2	10kV 开关分闸电磁铁				
	3	10kV 站用变压器熔断器				
	4	10kV YH 熔断器				
	5	温度显示仪				
	6	信号指示灯				
	7	有载调压测控装置				
	8	直流保险				
	9	……				
直流空气开关	1	直流空气开关	C65H－DC－2P　3A			
	2	……	……			

发现问题		处理情况
1		
2		
3		

遗留问题		解决建议
1		
2		
3		

附录D 月度维护项目标准化作业指导

附录D.1 变电站安全工器具检查标准化作业指导

一、维护周期

每月1次。

二、维护要求

（1）应配置充足、合格的安全工器具，建立安全工器具台账。

（2）安全工器具应做到账、卡、编号、存放位置一一对应。

（3）应根据安全工器具试验周期规定建立试验计划表，试验到期前运维人员应及时送检，确认合格后方可使用。

（4）应定期检查安全工器具，做好检查记录，对发现不合格或超试验周期的应隔离存放，做出“禁用”标识，停止使用。

（5）检查损坏的安全工器具应及时汇报值班负责人。安排专人将损坏的安全工器具及时送至运行中心，完成报废流程，并确认签字。

安全工器具检查表如附表D－1所示。

附表D－1 安全工器具检查表

变电站：

序号	项目		检查情况									
	设施名称/位置	数量	月 日	月 日	月 日	月 日	月 日	月 日	月 日	月 日	月 日	月 日
1	安全帽/1号工器具柜											
2												
3												
4												
5												
6												
7												
8												
9												
10												
检查人签名												

附录 D.2　变电站防小动物设施维护标准化作业指导

一、维护周期

每月 1 次。

二、维护要求

（1）所有通风百叶窗、风机口金属防小动物网完好，无破损、严重脏污现象，网眼最大直径必须小于 5mm。

（2）通往室外的门防鼠挡板完好，高度符合标准（40～50cm）。

（3）粘鼠板等防小动物措施编号完好、定置摆放，无损坏、过脏现象，必要时予以更换。

（4）若检查发现防小动物设备损坏，应及时汇报值班负责人。

（5）检查所有门窗、箱门、柜门关闭良好，无损坏现象。

（6）对室外设备鸟巢进行检查、清理。

防小动物措施及孔洞封堵检查表如附表 D－2 所示，问题记录如附表 D－3 所示。

附表 D－2　　防小动物措施及孔洞封堵检查表

负责人：　　　　检查人：

序号	主控制室	检查	更换	序号	消防通道	检查	更换	序号	10kV 高压室	检查	更换
1	1、2 号鼠夹			4	3 号鼠夹			7	4 号、5 号鼠夹		
2				5							
3				6							

附表 D－3　　问　题　记　录

负责人：　　　　检查人：

序号	检查内容	存在问题
1	检查通往室外的门防鼠挡板完好，高度符合标准（40～50cm）	
2	主控室防鼠设施数量足够、存放位置正确	
3	各门窗关闭良好、玻璃无破损	
4	各保护屏、机构箱、端子箱、电源箱进出线孔洞封堵严密	
5	检查所有通风百叶窗、风机口金属防小动物网完好，无破损、严重脏污现象，网眼最大直径必须小于 5mm，挡鼠网完好、齐全	
6	电缆沟封堵良好，排水畅通	

附录 D.3　消防器材维护标准化作业指导

一、维护周期

每月 1 次。

二、维护要求

（1）消防器材应按消防布置图布置。消防重点部位包括：控制室、档案室、变压器、电缆间及隧道、蓄电池室、电容器、高压室、易燃易爆物品存放地以及上级部门认定的其他部位和场所。

（2）无压力表的灭火器材根据维护周期进行称重检查。

（3）装有压力表的灭火器正常时压力指示应指在绿色区域，红色区域指压力过低，灭火器不能正常使用，黄色区域指压力过大，容易发生爆炸等危险。

（4）称重型灭火器重量要定期检查，如二氧化碳重量比额定重量减少 1/10 时，应进行灌装。

（5）消防器材存在压力不足、压力过高或称重不满足要求等问题时，及时反馈。

消防设施、器材台账如附表 D－4 所示。消防器材检查表如附表 D－5 所示。

附表 D－4　　消防设施、器材台账

序号	名称	规格型号	数量	单位	目前状态	使用位置	责任人	备注
1	二氧化碳灭火器	MT3	4	具	正常	主控保护室		
2	……							
3								
4								
5								
⋮								

附表 D－5　　消 防 器 材 检 查 表

变电站：

序号	项目		检查情况									
	设施名称/位置	数量	月 日	月 日	月 日	月 日	月 日	月 日	月 日	月 日	月 日	月 日
1	二氧化碳灭火器/主控保护室											
2												
3												
4												
5												

续表

序号	项目		检查情况									
	设施名称/位置	数量	月 日	月 日	月 日	月 日	月 日	月 日	月 日	月 日	月 日	月 日
6												
7												
8												
9												
10												
检查人签名												

附录 D.4　变电站排水、通风、空调调节系统维护标准化作业指导

一、工作任务

变电站名称		作业地点和内容	
日　　期		天气、温度/湿度	℃/　　%
作业负责人		作业人员	
开始时间		结束时间	

二、作业准备

序号	作业项目	工作内容和要求	
1	班前会	（1）进行变电站排水、通风、空调调节系统维护作业任务派发和人员分工，指定×××为作业负责人（监护人），针对该项工作指派的作业人员应具有一定工作经验。 （2）指定×××负责准备、检查必备的工器具完好性。 （3）由负责人：×××明确作业的危险点和预控措施，检查、提醒作业班成员携带好个人防护用品	责任人签字
2	工器具、仪器仪表准备	（1）由责任人×××确认应携带的：铁锹等必备工器具齐备。 （2）向作业负责人汇报上述工作	责任人签字

三、作业阶段

序号	作业项目	作业内容和要求	
1	列队宣读作业内容和要求	再次明确作业内容、作业要求及危险点与预控措施，检查作业班成员工装和个人防护用品佩戴规范整齐，个人状态良好，对交代的内容进行提问，确认作业班成员对所交代的内容都已经掌握	责任人签字
2	排水系统检查维护	**作业要求：** （1）变电运维人员进行变压器事故油池通畅检查时应至少由两人以上进行，必须与带电设备保持足够的安全距离（110kV 不小于 1.5m、35kV 不小于 1m、10kV 不小于 0.7m）。	**危险点：** （1）低压触电。 （2）高空摔落

续表

<table>
<tr><th>序号</th><th>作业项目</th><th colspan="2">作业内容和要求</th></tr>
<tr><td>2</td><td>排水系统
检查维护</td><td>（2）在指定的地点或区域内作业，工作时戴线手套、安全帽、穿绝缘鞋、按规定着装，至少两人工作，设专人监护。作业期间作业负责人不得擅自离开现场。
作业步骤：
（1）检查户外设备区，主控室电缆沟有无杂物、淤泥，无严重积水，必要时予以清理。
（2）检查站内排水畅通，及时清理杂物、淤泥，抽取集水坑积水。
（3）检查四周围墙无倾斜现象。
（4）检查主控室，高压室、保护小室有无漏雨现象。
（5）检查屋顶落水管无杂物，排水是否畅通，必要时予以清理</td><td rowspan="2">控制措施：
（1）作业期间监护人提醒作业人员时刻注意安全，工作时戴线手套、安全帽、穿绝缘鞋、按规定着装，至少两人工作，设专人监护。更换元件必须断开上一电源空气开关、采取误合措施并挂“禁止合闸，有人工作！”标示牌。
（2）监护人认真监护，作业人员不得脱离监护人视线作业</td></tr>
<tr><td>3</td><td>通风设施检查
维护</td><td>（1）风机外观完好，无锈蚀、损伤，外壳接地良好，标识清晰。
（2）通风口防小动物措施完善，通风管道、夹层无破损，隧道、通风口通畅，排风扇扇叶中无鸟窝或杂草等异物。
（3）风机安装牢固，无破损、锈蚀。叶片无裂纹、断裂，无擦刮。
（4）风机运转正常、无异常声响，空调开启正常、排水通畅、滤网无堵塞。
（5）出现风机不转，应检查风机电源是否正常；控制开关是否正常</td></tr>
<tr><td rowspan="2">4</td><td rowspan="2">结束阶段</td><td rowspan="2">（1）现场自查作业结果，进行评估，发现问题立即整改。
（2）将作业结果记入维护记录中，履行签字手续</td><td>责任人签字</td></tr>
<tr><td></td></tr>
</table>

附录 D.5　变电站避雷器动作及泄漏电流记录标准化作业指导

一、维护周期

（1）每月 1 次。

（2）雷雨天、带电测试、停电试验、线路故障跳闸后进行 1 次。

（3）必要时进行跟踪监督。

二、维护要求

（1）抄录范围为所有安装在运行设备上带有表计的 BL，根据实际情况对 BL 动作次数及泄漏电流进行抄录。

（2）抄录类型填写为正常抄录、雷雨天后抄录、带电测试后抄录、停电试验后抄录或跟踪监督抄录。

三、数据分析方法及标准

（1）每次抄录必须现场记录各表计实际数值，并将动作次数值和以前抄录的数据进行比较，检查动作次数是否有变化（特别是雷雨天及近区发生短路故障后），将泄漏电流值和标准值及以前抄录数值进行比较，检查 BL 是否工作正常。

（2）BL 动作次数发生变化的，应填写 BL 动作分析记录。避雷器动作及泄漏电流记录如附表 D－6 所示。

附表 D-6　　　　避雷器动作及泄漏电流记录

开始时间：　　　　　　　　　　　　　　　　　　　　结束时间：

序号	变电站单元	设备名称	电压等级	泄漏电流（mA）	泄漏电流最大值（mA）	上次泄漏电流值（mA）	上次指示值	指示值	动作次数	上次动作次数	累计动作次数	动作情况	事件类型	表盘最大值
示例	35kV 电容一线 315 间隔	35kV 电容一线电容器组避雷器 C 相	交流 35kV	0.30	100.00	0.30	2	2	0	0	2	未动作	无	99
1														
2														
3														
4														
5														
6														
7														
存在问题：														

负责人：　　　　　　　　　　　　　　　　　　　　检查人：

附录 D.6　室内和室外高压带电显示装置维护标准化作业指导

一、工作任务

变电站名称		作业地点和内容	
日　　期		天气、温度/湿度	℃/　%
作业负责人		作业人员	
开始时间		结束时间	

二、作业准备

序号	作业项目	工作内容和要求	
1	班前会	（1）进行室内和室外高压带电显示装置维护作业任务派发和人员分工，指定×××为作业负责人（监护人），指派的作业班成员应为能够掌握高压带电显示装置原理及一般常识、具有一定工作经验的人员。 （2）指定×××负责准备、检查必备的工器具完好性。 （3）由负责人×××明确作业的危险点和预控措施，提醒作业班成员检查、携带好个人防护用品	责任人签字
2	工器具、仪器仪表准备	（1）由责任人×××确认应携带的：组合工具、万用表等必备工器具齐备。 （2）检查所有工器具、安全防护用具处于良好状态。 （3）向作业负责人汇报上述工作	责任人签字

三、作业阶段

序号	作业项目	作业内容和要求	
1	列队宣读作业内容和要求	再次明确作业内容、作业要求及危险点与预控措施，检查作业班成员工装和个人防护用品佩戴规范整齐，个人状态良好，对交代的内容进行提问，确认作业班成员对所交代的内容都已经掌握	责任人签字
2	室内和室外高压带电显示装置维护	**作业要求：** 变电运维人员进行室内和室外高压带电显示装置维护时应至少由两人进行，必须与带电设备保持足够的安全距离（110kV 不小于 1.5m、35kV 不小于 1m、10kV 不小于 0.7m），在指定的地点或区域内作业，操作人员必须着工作服、戴线手套、穿绝缘鞋、戴安全帽，作业期间作业负责人不得擅自离开现场。 **作业步骤：** （1）检查系统无接地。 （2）检查带电显示装置工作正常。 （3）检查带电显示装置各端子紧固	**危险点：**高压设备绝缘击穿造成人员感电。 **控制措施：**作业前必须确认高压设备无接地，操作人员应穿绝缘鞋
3	结束阶段	（1）现场自查作业结果，进行评估，发现问题立即整改。 （2）将作业结果记入维护记录中，履行签字手续	责任人签字

附录 D.7　变电站 SF_6 气体压力、充油设备检查标准化作业指导

（1）进入户内 SF_6 设备室巡视时，运维人员应检查其氧量仪和 SF_6 气体泄漏报警仪显示是否正常；显示 SF_6 含量超标时，人员不得进入设备室。

（2）进入户内 SF_6 设备室之前，应先通风 15min 以上。并用仪器检测含氧量（不低于 18%）合格后，人员才准进入。

（3）室内 SF_6 设备发生故障，人员应迅速撤出现场，开启所有排风机进行排风。未佩戴防毒面具或正压式空气呼吸器人员禁止入内。只有经过充分的自然排风或强制排风，并用检漏仪测量 SF_6 气体合格，用仪器检测含氧量（不低于 18%）合格后，人员才准进入。

（4）巡视检查时应与带电设备保持足够的安全距离，10kV 为 0.7m，35kV 为 1m，110kV 为 1.5m。

（5）登高时佩戴安全带，上下爬梯时应踩稳抓牢。

（6）使用梯子应设专人扶梯，防止摔伤。

SF_6 设备气体压力检查表如附表 D－7 所示。充油设备检查表如附表 D－8 所示。

附表 D－7　　**SF_6 设备气体压力检查表**

变电站：　　　　时间：

序号	设备名称	开关	LH			序号	设备名称	开关	LH		
			A	B	C				A	B	C
1	1101 开关					3					
2	1102 开关					4					
开关额定气压：0.6MPa；LH/YH 额定气压：0.4MPa。巡视时注意气压应在运行范围内											
存在问题：											

负责人：　　　　检查人：

附表 D-8　　　　充 油 设 备 检 查 表

变电站：　　　　　　　　　　　　　　　　　　　　　　　　时间：

序号	设备名称	本体（油位）		调压（油位）		高压套管	上层油温			电容器	
		储油柜	气体继电器	储油柜	气体继电器	油位	本体	显示仪	后台机	油位	温度
1	1 号主变压器										
2	……										
⋮											
存在问题：											

负责人：　　　　　　　　　　　　　　　　　　　　　　　　检查人：

附录 D.8　自动化信息核对标准化作业指导

一、工作任务

变电站名称		作业地点和内容	
日　期		天气、温度/湿度	℃/　%
作业负责人		作业人员	
开始时间		结束时间	

二、作业准备

序号	作业项目	工作内容和要求	
1	班前会	（1）进行自动化信息核对作业任务派发和人员分工，指定×××为作业负责人（监护人），针对该项工作指派的作业人员应具有一定工作经验。 （2）由负责人×××明确作业的危险点和预控措施，检查、提醒作业班成员携带好个人防护用品	责任人签字
2	工器具、仪器仪表准备	此类作业无需工器具、仪器、仪表	责任人签字

三、作业阶段

序号	作业项目	作业内容和要求	
1	列队宣读作业内容和要求	再次明确作业内容、作业要求，检查作业班成员工装规范整齐，个人状态良好，对交代的内容进行提问，确认作业班成员对所交代的内容都已经掌握	责任人签字

续表

序号	作业项目	作业内容和要求	
2	自动化信息核对	**作业要求：** 变电运维人员进行自动化信息核对时应至少由两人以上进行，在指定的地点或区域内作业，着工作服，作业期间作业负责人不得擅自离开现场。 **作业步骤：** （1）核对前检查测控装置、后台机等自动化设备运行是否正常。 （2）核对遥测、遥信值是否刷新并与现场设备实际位置相对应。 （3）与调控中心核对遥测、遥信值是否正确。 （4）核对全站各装置、系统时钟。 （5）若发现异常，应立即与专业取得联系，按缺陷管理流程处理	**危险点：**无 **控制措施：**无
3	结束阶段	（1）现场自查作业结果，进行评估，发现问题立即整改。 （2）将作业结果记入维护记录中，履行签字手续	责任人签字

附录 D.9　保护差流检查、通道检查标准化作业指导

一、工作任务

变电站名称		作业地点和内容	
日　　期		天气、温度/湿度	℃/　　%
作业负责人		作业人员	
开始时间		结束时间	

二、作业准备

序号	作业项目	工作内容和要求	
1	班前会	（1）进行保护差流检查、通道检查作业任务派发和人员分工，指定×××为作业负责人（监护人），针对该项工作指派的作业人员应熟悉各种类型保护装置差流界面的调取和通道界面的调取。 （2）由负责：×××明确作业的危险点和预控措施	责任人签字
2	工器具、仪器仪表准备	此类作业无需工器具、仪器、仪表	责任人签字

三、作业阶段

序号	作业项目	作业内容和要求	
1	列队宣读作业内容和要求	再次明确作业内容、作业要求及危险点与预控措施，检查作业班成员工装规范整齐，个人状态良好，对交代的内容进行提问，确认作业班成员对所交代的内容都已经掌握	责任人签字
2	保护差流检查、通道检查	**作业要求：** 运维人员进行保护差流检查、通道检查时应至少由两人进行，在指定的地点或区域内作业，着工作服，作业期间作业负责人不得擅自离开现场。	**危险点：**造成保护装置重启（重启期间保护装置处于退出状态）

续表

序号	作业项目	作业内容和要求	
2	保护差流检查、通道检查	**作业步骤：** （1）检查保护装置面板无异常、告警信号，按保护屏“取消”或“返回”按钮即可回主界面，主界面显示装置状态信息。 （2）在装置主界面下，按“确认”键则进入一级菜单界面，显示采用中文菜单， 在一级菜单界面中移动光标选中“运行工况”或“通信情况”。 （3）对运行工况中显示的装置差流进行检查和抄录并归档。 （4）对通信情况中显示的通道情况进行检查和记录。 （5）按“取消”或“返回” 键退出菜单，返回主界面	**控制措施：** （1）作业严禁触碰“复位键”。 （2）严防走错间隔
3	结束阶段	（1）现场自查作业结果，进行评估，发现问题立即整改。 （2）将作业结果记入维护记录中，履行签字手续	责任人签字

附录 D.10　直流电源（含事故照明屏）单个电池内阻测试标准化作业指导

一、工作任务

变电站名称		作业地点和内容	
日　　期		天气、温度/湿度	℃/　　%
作业负责人		作业人员	
开始时间		结束时间	

二、作业准备

序号	作业项目	工作内容和要求	
1	班前会	（1）进行直流电源（含事故照明屏）单个电池内阻测试作业任务派发和人员分工，指定×××为作业负责人（监护人），指派的作业班成员应为经过专业培训、熟悉相关工作且具有一年以上工作经验的人员。 （2）指定×××负责准备、检查必备的工器具完好性。 （3）由负责人×××明确作业的危险点和预控措施，检查、提醒作业班成员携带好个人防护用品	责任人签字
2	工器具、仪器仪表准备	（1）由责任人×××确认应携带的：组合工具、数字 4 位半数字万用表、内阻测试仪、微欧级连接条电阻测试仪等必备工器具齐备。 （2）检查所用测试仪、通信线齐备。 （3）检查所有工器具、安全防护用具处于良好状态。 （4）向作业负责人汇报上述工作	责任人签字

三、作业阶段

序号	作业项目	作业内容和要求	
1	列队宣读作业内容和要求	再次明确作业内容、作业要求及危险点与预控措施，检查作业班成员工装和个人防护用品佩戴规范整齐，个人状态良好，对交代的内容进行提问，确认作业班成员对所交代的内容都已经掌握	责任人签字

续表

序号	作业项目	作业内容和要求	
2	直流电源（含事故照明屏）单个电池内阻测试	**作业要求：** 变电运维人员进行直流电源（含事故照明屏）单个电池内阻测试时应至少由两人以上进行，在指定的地点或区域内作业，操作人员必须戴线手套、穿绝缘鞋、着工作服、戴安全帽，作业期间作业负责人不得擅自离开现场。 **作业步骤：** （1）将单体电池脱离系统，并记录现场温度情况。 （2）将单体电池极板表面清理干净。 （3）用微欧内阻测试仪的两作业钳接触电极表面（红正、黑负，连接条方法可由微欧级连接条电阻测试仪测量）。 （4）检查测试仪记录数据正确，如不稳定，应待其静止。 （5）测试过程应由两人进行，同时检查记录仪记录的数值正确。 （6）测试无问题后将单个电池安装。 （7）检查端子牢固、单个电池电压、比重正常，整组蓄电池电压正常。 （8）清理现场，做到文明生产	**危险点：**造成蓄电池短路。 **控制措施：** （1）作业前提醒作业人员使用绝缘工具。 （2）监护人认真监护，作业人员不得脱离监护人视线作业
3	结束阶段	（1）现场自查作业结果，进行评估，发现问题立即整改。 （2）将作业结果记入维护记录中，履行签字手续	责任人签字

附录D.11 一、二次设备红外检测标准化作业指导

一、工作任务

变电站名称		作业地点和内容	
日　期		天气、温度/湿度	℃/　%
作业负责人		作业人员	
开始时间		结束时间	

二、作业准备

序号	作业项目	工作内容和要求	
1	班前会	（1）进行一、二次设备红外检测作业任务派发和人员分工，指定×××为作业负责人（监护人），指派的作业班成员应是能够熟练掌握红外检测设备并具有一定工作经验的人员。 （2）指定×××负责准备、检查必备的工器具完好性。 （3）由负责人×××明确作业的危险点和预控措施，提醒作业班成员检查、携带好个人防护用品	责任人签字
2	工器具、仪器仪表准备	（1）由责任人×××确认应携带的：红外测温仪等必备工器具齐备。 （2）检查所有工器具、安全防护用具处于良好状态。 （3）向作业负责人汇报上述工作	责任人签字

三、作业阶段

序号	作业项目	作业内容和要求	
1	列队宣读作业内容和要求	再次明确作业内容、作业要求及危险点与预控措施，检查作业班成员工装和个人防护用品佩戴规范整齐，个人状态良好，对交代的内容进行提问，确认作业班成员对所交代的内容都已经掌握	责任人签字
2	一、二次设备红外检测	**作业要求：** 变电运维人员进行一、二次设备红外检测时应至少由两人进行，尽可能安排在大负荷、夜间、阴天，光线较弱的天气进行，故障判断按附表执行，超出最高允许温度为异常。测温时必须与带电设备保持足够的安全距离（110kV 不小于 1.5m、35kV 不小于 1m、10kV 不小于 0.7m），恶劣天气禁止在高压设备场区测温，在指定的地点或区域内作业，操作人员必须着工作服、穿绝缘鞋、戴安全帽，作业期间作业负责人不得擅自离开现场。 **作业步骤：** （1）记录环境温度。 （2）调整焦距。 （3）选择正确的测温范围。 （4）选取最大测量距离。 （5）保证测量过程中仪器平稳。 （6）按下测温按钮。 （7）读取被测物温度。 （8）发现温度超过背景温度的设备，应将其定格并按下“存储”按钮。 （9）发现被测设备或接点温度超出规定范围所定义的缺陷应按缺陷处理流程，并及时记录（班组按测温仪说明书自行修编）	**危险点：**误登带电设备造成人员感电。 **控制措施：** （1）作业前提醒作业人员时刻注意安全距离。 （2）监护人认真监护，作业人员不得脱离监护人视线作业
3	结束阶段	（1）现场自查作业结果，进行评估，发现问题立即整改。 （2）将作业结果记入维护记录中，履行签字手续	责任人签字

一次设备接点红外测温卡如附表 D－9 所示。设备测温记录如附表 D－10 所示。

附表 D－9　　　　　　　　一次设备接点红外测温卡

检测日期：____年____月____日____时____分　　　　天气：____　户外温度：____　户外湿度：____℃

设备名称	负荷	检测部位	监测点温度			结论	设备名称	负荷	检测部位	监测点温度			结论
			A 相	B 相	C 相					A 相	B 相	C 相	
隔离开关		Ⅰ母侧导线接点											
		Ⅱ母侧导线接点											
		瓷质本体											
……													

续表

设备名称	负荷	检测部位	监测点温度			结论	设备名称	负荷	检测部位	监测点温度			结论
			A相	B相	C相					A相	B相	C相	

附表D－10 **设备测温记录**

变电站		测温时间	
是否是全站（区域）测温			
测温类型		环境温度（℃）	
湿度		设备名称	
间隔单元		风速（m/s）	
测温人		测温仪器（型号、编号）	
测温范围			
测温位置			
发现问题			
发热部位1： A相温度（ ℃） B相温度（ ℃） C相温度（ ℃） 额定电流（ A） 负荷电流（ A） 发热部位2： A相温度（ ℃） B相温度（ ℃） C相温度（ ℃） 额定电流（ A） 负荷电流（ A） ……			
备注			

注 本记录在全站设备普测时可只使用一张，不需填写设备测温位置及A、B、C相温度、额定电流及负荷电流栏；当设备精密测温或测温异常时需要填全各信息。

附录 D.12　变电站备用主变压器启动试验标准化作业指导

一、维护要求

（1）因系统原因长期不投入（超过 1 个月）运行的备用主变压器每月应进行一次启动试验，试验操作方法列入现场专用运行规程。

（2）不运行的主变压器变每月应带电运行时间不少于 24h。

（3）备用主变压器启动试验时，可采取两台主变压器轮换的方式，也可采取空载加压运行的方式。具体以调控中心方式安排执行。

（4）启运时应确保备用主变压器各项保护的正确投入。

二、异常处理流程

（1）维护工作中若发现异常情况及缺陷、隐患，维护人员应做好记录并立即向运维班负责人汇报，说明发现时间、异常内容及现场其他情况，根据运维班负责人指示处理。

（2）若发现影响设备运行的危急缺陷，应立即向相关调度汇报，申请将设备停电消缺。

三、工作任务

变电站名称		作业地点和内容	
日　　期		天气、温度/湿度	℃/　　%
作业负责人		作业人员	
开始时间		结束时间	

四、作业记录

发现问题		处理情况
1		
2		
3		
遗留问题		解决建议
1		
2		
3		

附录 D.13　变电站电力电缆进出线、电容器电缆检查标准化作业指导

一、工作任务

变电站名称		作业地点和内容	
日　　期		天气、温度/湿度	℃/　　%
作业负责人		作业人员	
开始时间		结束时间	

二、作业准备

序号	作业项目	工作内容和要求	
1	班前会	（1）进行变电站电力电缆进出线、电容器电缆检查作业任务派发和人员分工，指定×××为作业负责人（监护人），针对该项工作指派的作业人员应具有一定工作经验。 （2）指定×××负责准备、检查必备的工器具完好性。 （3）由负责人×××明确作业的危险点和预控措施，检查、提醒作业班成员携带好个人防护用品	责任人签字
2	工器具、仪器仪表准备	（1）由责任人×××确认应携带的：等必备工器具齐备。 （2）向作业负责人汇报上述工作	责任人签字

三、作业阶段

序号	作业项目	作业内容和要求	
1	列队宣读作业内容和要求	再次明确作业内容、作业要求及危险点与预控措施，检查作业班成员工装和个人防护用品佩戴规范整齐，个人状态良好，对交代的内容进行提问，确认作业班成员对所交代的内容都已经掌握	责任人签字
2	变压器事故油池通畅检查	**作业要求：** （1）变电运维人员进行变压器事故油池通畅检查时应至少由两人以上进行，必须与带电设备保持足够的安全距离（110kV 不小于 1.5m、35kV 不小于 1m、10kV 不小于 0.7m）。 （2）在指定的地点或区域内作业，操作人员必须戴绝缘手套、穿绝缘鞋、着工作服、戴安全帽，作业期间作业负责人不得擅自离开现场。 **作业步骤：** 一、电缆本体 （1）检查电缆本体是否变形。 （2）检查电缆表面温度是否过高。 二、电缆外护套 检查外护套是否存在破损情况和龟裂现象。 三、电缆终端 （1）套管外绝缘是否出现破损、裂纹，是否有明显放电痕迹、异味及异常响声；套管密封是否存在漏油现象；瓷套表面不应严重结垢。 （2）电缆终端、设备线夹、与导线连接部位是否出现发热或温度异常现象。 （3）固定件是否出现松动、锈蚀、支撑绝缘子外套开裂、底座倾斜等现象。 （4）电缆终端及附近是否有不满足安全距离的异物。 （5）支撑绝缘子是否存在破损情况和龟裂现象。 （6）电缆终端是否有倾斜现象，引流线不应过紧。 （7）有补油装置的交联电缆终端应检查油位是否在规定的范围之间，检查 GIS 筒内有无放电声响，必要时测量局部放电。 （8）出现风机不转，应检查风机电源是否正常；控制开关是否正常。 四、接地装置 （1）接地箱箱体（含门、锁）是否缺失、损坏，基础是否牢固可靠。 （2）主接地引线是否接地良好，焊接部位是否做防腐处理。 （3）接地类设备与接地箱接地母排及接地网是否连接可靠，是否松动、断开。 五、电缆支架 （1）电缆支架应稳固，是否存在缺件、锈蚀、破损现象。 （2）电缆支架接地是否良好。 六、标识标牌 （1）电缆线路铭牌、接地箱（交叉互联箱）铭牌、警告牌、相位标识牌是否缺失、清晰、正确。 （2）路径指示牌（桩、砖）是否缺失、倾斜	**危险点：**作业过程中造成人员轻伤。 **控制措施：** （1）作业期间监护人提醒作业人员时刻注意安全。 （2）监护人认真监护，作业人员不得脱离监护人视线作业
3	结束阶段	（1）现场自查作业结果，进行评估，发现问题立即整改。 （2）将作业结果记入维护记录中，履行签字手续	责任人签字

附录E 设备巡视项目标准化作业指导

附录 E.1 变电站高压室巡视标准化作业指导

<table>
<tr><td>变电站</td><td colspan="2"></td><td>作业卡编号</td><td></td></tr>
<tr><td>巡视内容</td><td colspan="2">（ ）kV 高压室</td><td>巡视类型</td><td></td></tr>
<tr><td>巡视日期</td><td colspan="2"></td><td>天气</td><td></td></tr>
<tr><td>巡视开始时间</td><td colspan="2"></td><td>巡视结束时间</td><td></td></tr>
<tr><td rowspan="7">危险点分析与预控措施</td><td colspan="2">危险点</td><td colspan="2">预控措施</td></tr>
<tr><td rowspan="2">人身触电</td><td>误碰、误动、误登运行设备，误入带电间隔</td><td colspan="2">（1）巡视检查时应与带电设备保持足够的安全距离，10kV 为 0.7m，35kV 为 1m，110kV 为 1.5m，220kV 为 3m。
（2）巡视中运维人员应按照巡视路线进行，在进入设备室、打开机构箱、屏柜门时不得进行其他工作（严禁进行电气工作）。不得移开或越过遮栏</td></tr>
<tr><td>设备有接地故障时，巡视人员误入产生跨步电压</td><td colspan="2">高压设备发生接地时，室内不得接近故障点 4m 以内，室外不得靠近故障点 8m 以内，进入上述范围人员应穿绝缘靴，接触设备的外壳和构架时，应戴绝缘手套</td></tr>
<tr><td>高空落物</td><td>高空落物伤人</td><td colspan="2">进入设备区，应正确佩戴安全帽</td></tr>
<tr><td rowspan="2">设备故障</td><td>使用无线通信设备，造成保护误动</td><td colspan="2">在保护室、电缆层禁止使用移动通信工具，防止造成保护及自动装置误动</td></tr>
<tr><td>小动物进入，造成事故</td><td colspan="2">进出高压室后应随手将门关闭锁好；打开端子箱、机构箱、汇控柜、智能柜、保护屏等设备箱（柜、屏）门检查完后，应随手将门关闭锁好</td></tr>
<tr><td>SF_6 气体防护</td><td>进入户内 SF_6 设备室或 SF_6 设备发生故障气体外逸，巡视人员窒息或中毒</td><td colspan="2">（1）进入户内 SF_6 设备室巡视时，运维人员应检查其氧量仪和 SF_6 气体泄漏报警仪显示是否正常；显示 SF_6 含量超标时，人员不得进入设备室。
（2）进入户内 SF_6 设备室之前，应先通风 15min 以上。并用仪器检测含氧量（不低于 18%）合格后，人员才准进入。
（3）室内 SF_6 设备发生故障，人员应迅速撤出现场，开启所有排风机进行排风。未佩戴防毒面具或正压式空气呼吸器人员禁止入内。只有经过充分的自然排风或强制排风，并用检漏仪测量 SF_6 气体合格，用仪器检测含氧量（不低于 18%）合格后，人员才准进入</td></tr>
<tr><td rowspan="11">安全工器具</td><td>确认（打√）</td><td>序号</td><td colspan="2">项目</td></tr>
<tr><td></td><td>1</td><td colspan="2">安全帽</td></tr>
<tr><td></td><td>2</td><td colspan="2">设备巡视卡</td></tr>
<tr><td></td><td>3</td><td colspan="2">钢笔（签字笔）</td></tr>
<tr><td></td><td>4</td><td colspan="2">绝缘靴（接触电阻不合格或遇雨时）</td></tr>
<tr><td></td><td>5</td><td colspan="2">绝缘手套（遇雨时）</td></tr>
<tr><td></td><td>6</td><td colspan="2">雨衣（遇雨时）</td></tr>
<tr><td></td><td>7</td><td colspan="2">电筒（夜间）</td></tr>
<tr><td></td><td>8</td><td colspan="2">护目眼镜</td></tr>
<tr><td></td><td>9</td><td colspan="2">应急灯</td></tr>
<tr><td></td><td>10</td><td colspan="2">测温仪</td></tr>
</table>

续表

	巡视项目	内容及要求	执行完打√或记录数据
设备巡视	开关柜	（1）检查线路保护装置的显示应无异常及告警信号。 （2）检查工作位置指示、试验位置指示、储能指示、合闸指示、分闸指示与实际一致。 （3）检查储能开关、加热开关、照明开关位置，储能开关正常时应投入。 （4）检查带电显示装置是否与实际一致。 （5）检查断路器储能是否正常。 （6）检查断路器动作计数器计数正常。 （7）从观察窗口检查电缆头无发热现象。 （8）开关在运行或者热备用状态下线路接地隔离开关操作孔闭锁无法打开。 （9）接地隔离开关位置指示正确。 （10）观察窗齐全、无缺损　。 （11）柜内照明良好。 （12）柜体内干燥，无凝露。 （13）开关柜外壳温度正常，手测试无明显过温现象，柜内无异常声响。 （14）手车操作孔闭锁正常。 （15）“就地/远方”切换开关应投向远方位置。 （16）二次柜内无异物，二次接线无松动、脱落现象。 （17）保护压板位置与实际运行方式相符。 （18）柜门密封良好，无变形锈蚀、接地良好	
	设备标识	一、二次设备编号和标识正常齐全、清晰、无损坏	
	绝缘胶垫	检查绝缘胶垫无破损现象，有无缺失	
	通风系统	（1）检查自然通风口防护网完好无破损。 （2）检查高压室内通风系统开启是否正常	
	照明系统	（1）检查高压室内照明系统是否正常。 （2）检查事故照明切换正常	
	电缆沟	电缆沟盖板完好无损，摆放平整	
巡视结果			
工作人员签名			

附录 E.2　变电站户外设备区巡视标准化作业指导

变电站		作业卡编号	
巡视内容	（　　）kV 设备区	巡视类型	
巡视日期		天气	
巡视开始时间		巡视结束时间	

续表

<table>
<tr><td rowspan="6">危险点分析与预控措施</td><td colspan="2">危险点</td><td>预控措施</td></tr>
<tr><td rowspan="2">人身触电</td><td>误碰、误动、误登运行设备，误入带电间隔</td><td>（1）巡视检查时应与带电设备保持足够的安全距离，10kV 为 0.7m，35kV 为 1m，110kV 为 1.5m，220kV 为 3m。
（2）巡视中运维人员应按照巡视路线进行，在进入设备室、打开机构箱、屏柜门时不得进行其他工作（严禁进行电气工作）。不得移开或越过遮栏</td></tr>
<tr><td>设备有接地故障时，巡视人员误入产生跨步电压</td><td>高压设备发生接地时，室内不得接近故障点 4m 以内，室外不得靠近故障点 8m 以内，进入上述范围人员应穿绝缘靴，接触设备的外壳和构架时，应戴绝缘手套</td></tr>
<tr><td>高空落物</td><td>高空落物伤人</td><td>进入设备区，应正确佩戴安全帽</td></tr>
<tr><td rowspan="2">设备故障</td><td>使用无线通信设备，造成保护误动</td><td>在保护室、电缆层禁止使用移动通信工具，防止造成保护及自动装置误动</td></tr>
<tr><td>小动物进入，造成事故</td><td>进出高压室后应随手将门关闭锁好；打开端子箱、机构箱、汇控柜、智能柜、保护屏等设备箱（柜、屏）门检查完后，应随手将门关闭锁好</td></tr>
<tr><td rowspan="11">安全工器具</td><td>确认（打√）</td><td>序号</td><td>项目</td></tr>
<tr><td></td><td>1</td><td>安全帽</td></tr>
<tr><td></td><td>2</td><td>设备巡视卡</td></tr>
<tr><td></td><td>3</td><td>钢笔（签字笔）</td></tr>
<tr><td></td><td>4</td><td>绝缘靴（接触电阻不合格或遇雨时）</td></tr>
<tr><td></td><td>5</td><td>绝缘手套（遇雨时）</td></tr>
<tr><td></td><td>6</td><td>雨衣（遇雨时）</td></tr>
<tr><td></td><td>7</td><td>电筒（夜间）</td></tr>
<tr><td></td><td>8</td><td>护目眼镜</td></tr>
<tr><td></td><td>9</td><td>应急灯</td></tr>
<tr><td></td><td>10</td><td>测温仪</td></tr>
<tr><td rowspan="2">设备巡视</td><td>巡视项目</td><td>内容及要求</td><td>执行完打√或记录数据</td></tr>
<tr><td>开关本体</td><td>（1）断路器运行正常无异声。
（2）分、合闸指示与实际相符。
（3）SF_6压力指示在正常范围内。
（4）弹簧操作机构储能指示正常。
（5）“远方/就地”切换开关应投向远方位置。
（6）各电源开关、温控除湿装置投入正确。
（7）瓷质部分清洁，无裂纹、放电痕迹及其他异常现象。
（8）孔洞封堵严密。
（9）机构箱内照明良好。
（10）基础无倾斜、下沉。
（11）架构完好无锈蚀、接地良好</td><td></td></tr>
</table>

续表

	巡视项目	内容及要求	执行完打√或记录数据
设备巡视	端子箱	（1）各电源开关、温控除湿装置投入。 （2）密封良好，干燥，无变形锈蚀、接地良好。 （3）二次线无松脱及发热现象。 （4）箱门开启灵活，孔洞封堵严密	
	引线	（1）引线线夹压接牢固、接触良好，无发热现象。 （2）引线无断股、散股、烧伤痕迹。 （3）引下线驰度适中，摆动正常，无挂落异物	
	隔离开关	（1）瓷质部分清洁，无裂纹、放电痕迹及其他异常现象。 （2）隔离开关动静触头接触良好，无发热烧损现象。 （3）无弯曲变形、松动、锈蚀，开口销无脱落。 （4）接地隔离开关与主刀机械闭锁良好。 （5）隔离开关仓内无异物。 （6）隔离开关操作手柄锁定完好。 （7）接地隔离开关接地良好。 （8）架构完好无锈蚀、接地良好。 （9）设备编号、标示齐全、清晰、无损坏，相色标示清晰、无脱落	
	电流互感器	（1）内部无异声、放电声及无焦臭味。 （2）SF_6压力指示正常范围。 （3）瓷质部分清洁，无裂纹、放电痕迹及其他异常现象。 （4）各桩头无发热现象。 （5）设备编号、标示齐全、清晰、无损坏，相色标示清晰	
	避雷器	（1）硅橡胶表面正常应无老化、裂纹等。 （2）内部无异声、放电声。 （3）引线无断股、散股、烧伤痕迹。 （4）引线线夹压接牢固、接触良好，无发热现象，引下线驰度适中，摆动正常，无挂落异物。 （5）放电计数器指示正确，外观完好。 （6）架构完好无锈蚀、接地良好。 （7）设备编号、标示齐全、清晰、无损坏，相色标示清晰、无脱落	
	电容式YH阻波器	（1）瓷质部分清洁，无裂纹、放电痕迹及其他异常现象，内部无异声及放电声。 （2）引线线夹压接牢固、接触良好，无发热现象，引线无断股、散股、烧伤痕迹，驰度适中，摆动正常，无挂落异物。 （3）阻波器内无异物	
	母线	（1）引线线夹压接牢固、接触良好，无发热现象。引线无断股、散股、烧伤痕迹。引下线驰度适中，摆动正常，无挂落异物。 （2）瓷质部分清洁，无裂纹、放电痕迹及其他异常现象	
	电压互感器	（1）内部无异声、放电声及无焦臭味。 （2）SF_6压力指示正常范围。 （3）瓷质部分清洁，无裂纹、放电痕迹及其他异常现象。 （4）各桩头无发热现象。 （5）设备编号、标示齐全、清晰、无损坏，相色标示清晰	

续表

	巡视项目	内容及要求	执行完打√或记录数据
设备巡视	电容器组	（1）外壳无膨胀、变形、渗漏油现象。 （2）声音均匀，无异声、无异味。 （3）油色、油位正常，硅胶变色不超过2/3。 （4）避雷器完好，硅橡胶表面正常应无老化、裂纹等。 （5）电抗器内清洁无杂物。 （6）基础无倾斜、下沉。 （7）架构完好无锈蚀、接地良好	
巡视结果			
工作人员签名			

附录 E.3　变电站主变压器巡视标准化作业指导

<table>
<tr><td>变电站</td><td colspan="2"></td><td>作业卡编号</td><td></td></tr>
<tr><td>巡视内容</td><td colspan="2">（　）号主变压器</td><td>巡视类型</td><td></td></tr>
<tr><td>巡视日期</td><td colspan="2"></td><td>天气</td><td></td></tr>
<tr><td>巡视开始时间</td><td colspan="2"></td><td>巡视结束时间</td><td></td></tr>
<tr><td rowspan="7">危险点分析与预控措施</td><td colspan="2">危险点</td><td colspan="2">预控措施</td></tr>
<tr><td rowspan="2">人身触电</td><td>误碰、误动、误登运行设备，误入带电间隔</td><td colspan="2">（1）巡视检查时应与带电设备保持足够的安全距离，10kV为0.7m，35kV为1m，110kV为1.5m，220kV为3m。
（2）巡视中运维人员应按照巡视路线进行，在进入设备室、打开机构箱、屏柜门时不得进行其他工作（严禁进行电气工作）。不得移开或越过遮栏</td></tr>
<tr><td>设备有接地故障时，巡视人员误入产生跨步电压</td><td colspan="2">高压设备发生接地时，室内不得接近故障点4m以内，室外不得靠近故障点8m以内，进入上述范围人员应穿绝缘靴，接触设备的外壳和构架时，应戴绝缘手套</td></tr>
<tr><td>高空落物</td><td>高空落物伤人</td><td colspan="2">进入设备区，应正确佩戴安全帽</td></tr>
<tr><td rowspan="2">设备故障</td><td>使用无线通信设备，造成保护误动</td><td colspan="2">在保护室、电缆层禁止使用移动通信工具，防止造成保护及自动装置误动</td></tr>
<tr><td>小动物进入，造成事故</td><td colspan="2">进出高压室后应随手将门关闭锁好；打开端子箱、机构箱、汇控柜、智能柜、保护屏等设备箱（柜、屏）门检查完后，应随手将门关闭锁好</td></tr>
<tr><td colspan="4"></td></tr>
<tr><td rowspan="6">安全工器具</td><td>确认（打√）</td><td>序号</td><td colspan="2">项目</td></tr>
<tr><td></td><td>1</td><td colspan="2">安全帽</td></tr>
<tr><td></td><td>2</td><td colspan="2">设备巡视卡</td></tr>
<tr><td></td><td>3</td><td colspan="2">钢笔（签字笔）</td></tr>
<tr><td></td><td>4</td><td colspan="2">绝缘靴（接触电阻不合格或遇雨时）</td></tr>
<tr><td></td><td>5</td><td colspan="2">绝缘手套（遇雨时）</td></tr>
</table>

续表

	确认（打√）	序号	项目
安全工器具		6	雨衣（遇雨时）
		7	电筒（夜间）
		8	护目眼镜
		9	应急灯
		10	测温仪
设备巡视	巡视项目	内容及要求	执行完打√或记录数据
	本体	（1）本体油箱及各部位无渗漏油和腐蚀现象。相色清晰正确。 （2）变压器声音均匀，无异声。地基无倾斜，下沉，铁心及外壳接地良好。 （3）呼吸器完好，油杯内油面、油色正常，硅胶变色不超过 2/3	
	套管	套管内油位正常，绝缘子表面无碎裂或裂缝，无严重积尘及放电闪络痕迹	
	引线	（1）引线线夹压接牢固、接触良好，无发热现象，引线无断股、散股、烧伤痕迹。 （2）引线驰度适中，摆动正常，各侧母线、桩头无挂落异物	
	油枕	（1）油枕内油位应正常，油位清晰可见。 （2）外观无脱落，变形，渗漏	
	气体继电器	（1）气体继电器内充满油，无气泡。 （2）气体继电器防雨罩完好	
	散热器	（1）尢渗漏油。无变形，扭曲，标示清晰。 （2）法兰、阀门、油管等无渗漏油	
	有载分接开关	（1）有载调压开关控制箱内空气开关应投入，远方就地把手在远方位置。 （2）机构箱内清洁，无异味。挡位显示与机械指示一致。 （3）有载调压开关动作计数器正常。 实际挡位为（　　）挡。 （4）油位正常，油箱及有关的法兰、阀门、油管等处无渗漏油。 （5）构箱密封良好，连杆完好无变形	
	压力释放	压力释放器完好无渗油	
	中性点	（1）支柱绝缘子等外观应正常，无变色、裂缝等异常现象。 （2）接地隔离开关无锈蚀、无倾斜。 （3）操作机构箱各空气开关应投入	
	油温	（1）主变压器本体油温应正常，温升不超过 55℃；主变压器绕组油温应正常，温升不超过（　　）℃；主变压器上层油温应正常，温升不超过（　　）℃。本体油温（　　）℃，绕组油温（　　）℃，上层油温（　　）℃。 （2）油温应与温控仪温度、后台显示温度一致。温控仪显示油温（　　）℃，后台显示油温（　　）℃	
	端子箱	（1）二次接线排列整齐，美观，无破损。 （2）控制箱及二次端子箱关严。无受潮，接线正确	
	设备标识	铭牌标识清晰。相序标示，二次设备编号和标志正确齐全、清晰、无损坏	
巡视结果			
工作人员签名			

附录 E.4　变电站主控室巡视标准化作业指导

<table>
<tr><td>变电站</td><td colspan="2"></td><td>作业卡编号</td><td colspan="2"></td></tr>
<tr><td>巡视内容</td><td colspan="2">主控室</td><td>巡视类型</td><td colspan="2"></td></tr>
<tr><td>巡视日期</td><td colspan="2"></td><td>天气</td><td colspan="2"></td></tr>
<tr><td>巡视开始时间</td><td colspan="2"></td><td>巡视结束时间</td><td colspan="2"></td></tr>
<tr><td rowspan="6">危险点分析与预控措施</td><td colspan="2">危险点</td><td colspan="3">预控措施</td></tr>
<tr><td>人身触电</td><td>误碰、误动、误登运行设备，误入带电间隔</td><td colspan="3">巡视中运维人员应按照巡视路线进行，在进入设备室、打开机构箱、屏柜门时不得进行其他工作（严禁进行电气工作）。不得移开或越过遮栏</td></tr>
<tr><td>高空落物</td><td>高空落物伤人</td><td colspan="3">进入设备区，应正确佩戴安全帽</td></tr>
<tr><td rowspan="2">设备故障</td><td>使用无线通信设备，造成保护误动</td><td colspan="3">在保护室、电缆层禁止使用移动通信工具，防止造成保护及自动装置误动</td></tr>
<tr><td>小动物进入，造成事故</td><td colspan="3">进出高压室后应随手将门关闭锁好；打开端子箱、机构箱、汇控柜、智能柜、保护屏等设备箱（柜、屏）门检查完后，应随手将门关闭锁好</td></tr>
<tr><td colspan="5"></td></tr>
<tr><td rowspan="11">安全工器具</td><td>确认（打√）</td><td>序号</td><td colspan="3">项目</td></tr>
<tr><td></td><td>1</td><td colspan="3">安全帽</td></tr>
<tr><td></td><td>2</td><td colspan="3">设备巡视卡</td></tr>
<tr><td></td><td>3</td><td colspan="3">钢笔（签字笔）</td></tr>
<tr><td></td><td>4</td><td colspan="3">绝缘靴（接触电阻不合格或遇雨时）</td></tr>
<tr><td></td><td>5</td><td colspan="3">绝缘手套（遇雨时）</td></tr>
<tr><td></td><td>6</td><td colspan="3">雨衣（遇雨时）</td></tr>
<tr><td></td><td>7</td><td colspan="3">电筒（夜间）</td></tr>
<tr><td></td><td>8</td><td colspan="3">护目眼镜</td></tr>
<tr><td></td><td>9</td><td colspan="3">应急灯</td></tr>
<tr><td></td><td>10</td><td colspan="3">测温仪</td></tr>
<tr><td rowspan="2">设备巡视</td><td>巡视项目</td><td colspan="3">内容及要求</td><td>执行完打√或记录数据</td></tr>
<tr><td>保护屏</td><td colspan="3">（1）各保护压板投退正确，与运行方式一致。
（2）远方/就地切换开关正确。
（3）各种指示灯显示正确，无异常告警。
（4）装置工作正常，指示灯显示正确。
（5）保护装置通信正常。
（6）内部无异声及放电声，装置无严重发热。
（7）液晶屏各参数显示正常。
（8）各电源开关投入正确。
（9）接线连接牢固、接触良好，无发热现象。
（10）柜门密封良好，无锈蚀，屏内清洁，接地良好。
（11）封堵完好，电缆无破损、无异味</td><td></td></tr>
</table>

续表

	巡视项目	内容及要求	执行完打√或记录数据
设备巡视	公用屏及远动屏	（1）各保护压板投退正确，与运行方式一致。 （2）远方/就地切换开关正确。 （3）各种指示灯显示正确，无异常告警。 （4）小电流接地选线装置运行正常。 （5）GPS对时系统运行正常。 （6）各装置运行正常。 （7）各电源开关投入正确。 （8）柜内封堵完好，无锈蚀，屏内清洁，接地良好，电缆无破损、无异味	
	站用系统	（1）检查站用屏电压、三相电流指示正常、站用电电源指示灯亮。 （2）检查各交流出线开关投入正确、接触无发热。	
	站用系统	（1）封堵完好，电缆无破损，无异味。 （2）接线连接牢固、接触良好，无发热现象。 （3）柜门密封良好，无锈蚀，屏内清洁，接地良好	
	直流系统	（1）高频充电模块输入、输出电压正常。 （2）直流监控装置运行正常。 （3）各种指示灯显示正确，无异常告警。 （4）接地巡检仪、电池巡检仪运行正常。 （5）蓄电池无变形，无电解液漏出。 （6）逆变电源运行正常。 （7）柜体完好，无异常声音及气味。 （8）各装置内部无异声及放电声，装置无严重发热。 （9）柜内封堵完好，无锈蚀，屏内清洁，接地良好，电缆无破损、无异味	
	计量屏	（1）表计显示正确，接线连接牢固、接线无松动、发热、开路、短路现象，接触良好，无发热现象。 （2）无异常声音及气味。 （3）柜门密封良好，无锈蚀，屏内清洁，接地良好，封堵完好，电缆无破损	
	监控后台机	（1）检查后台机运行是否正常，检查后台机显示的运行状态与实际运行方式一致。 （2）检查后台机与各装置通信是否正常。 （3）检查电压、电流、功率等实际数据，参数显示是否正常。 （4）检查后台机的位置信号有无变位及异常闪烁。 （5）检查主变压器压器分接开关运行位置与实际是否一致。 （6）检查各段母线电压是否在规定范围内。 （7）监视查看各线路电流，有功功率及无功功率。有无过负荷现象。 （8）查看日报表中各整点时段参数。 （9）检查监控系统的时间显示是否准确。	
	微机防误装置	（1）“五防”计算机运行正常，“五防”计算机上设备状态显示与后台机相一致。 （2）电脑钥匙充电正常，能正常使用	
	照明系统	（1）检查站内照明系统完善，照明灯具、开关面板完好，检查各柜内照明正常。 （2）事故照明切换正常	

续表

设备巡视	巡视项目	内容及要求	执行完打√或记录数据
	空调	室内、外机外观清洁，空调试开正常	
巡视结果			
工作人员签名			

附录 E.5　变电站大风后特殊巡视标准化作业指导

<table>
<tr><td>变电站</td><td colspan="2"></td><td>作业卡编号</td><td colspan="2"></td></tr>
<tr><td>巡视内容</td><td colspan="2">（　）kV 设备区</td><td>巡视类型</td><td colspan="2"></td></tr>
<tr><td>巡视日期</td><td colspan="2"></td><td>天气</td><td colspan="2"></td></tr>
<tr><td>巡视开始时间</td><td colspan="2"></td><td>巡视结束时间</td><td colspan="2"></td></tr>
<tr><td rowspan="3">危险点分析与预控措施</td><td colspan="2">危险点</td><td colspan="3">预控措施</td></tr>
<tr><td rowspan="2">大风</td><td>刮起外物短路</td><td colspan="3" rowspan="2">认真巡视，对外物及时处理、清理</td></tr>
<tr><td>设备防雨帽、标示牌脱落伤人</td></tr>
<tr><td rowspan="11">安全工器具</td><td>确认（打√）</td><td>序号</td><td colspan="3">项目</td></tr>
<tr><td></td><td>1</td><td colspan="3">安全帽</td></tr>
<tr><td></td><td>2</td><td colspan="3">设备巡视卡</td></tr>
<tr><td></td><td>3</td><td colspan="3">钢笔（签字笔）</td></tr>
<tr><td></td><td>4</td><td colspan="3">绝缘靴（接触电阻不合格或遇雨时）</td></tr>
<tr><td></td><td>5</td><td colspan="3">绝缘手套（遇雨时）</td></tr>
<tr><td></td><td>6</td><td colspan="3">雨衣（遇雨时）</td></tr>
<tr><td></td><td>7</td><td colspan="3">电筒（夜间）</td></tr>
<tr><td></td><td>8</td><td colspan="3">护目眼镜</td></tr>
<tr><td></td><td>9</td><td colspan="3">应急灯</td></tr>
<tr><td></td><td>10</td><td colspan="3">测温仪</td></tr>
<tr><td rowspan="2">设备巡视</td><td>巡视项目</td><td colspan="3">内容及要求</td><td>执行完打√或记录数据</td></tr>
<tr><td>户内外设备</td><td colspan="3">（1）一次设备是否有放电现象。
（2）一次设备引流接头是否接触良好，导线有无散股现象，弛度是否适当。
（3）是否搭挂异物，绝缘子有无破损现象。
（4）运行设备声音是否正常。
（5）机构箱、端子箱柜门关闭紧密，柜体完好。
（6）站用系统运行是否正常。
（7）主控制室、高压室门窗关闭紧密，门窗完好。
（8）火灾报警、周界防盗、视频监控系统是否运行正常</td><td></td></tr>
<tr><td>巡视结果</td><td colspan="5"></td></tr>
<tr><td>工作人员签名</td><td colspan="5"></td></tr>
</table>